Aclogue

I0001391

7 h
98
78

4324

SCÈNES

DE LA

VIE DES INSECTES

LA SCIENCE PITTORESQUE

OUVRAGES DE LA MÊME SÉRIE

In-8° de 320 pages.

LA SCIENCE PITTORESQUE

SCÈNES DE LA VIE

DES

INSECTES

Par A. ACLOQUE

OUVRAGE ILLUSTRÉ DE 173 FIGURES

ABBEVILLE

C. PAILLART, IMPRIMEUR-ÉDITEUR

1898

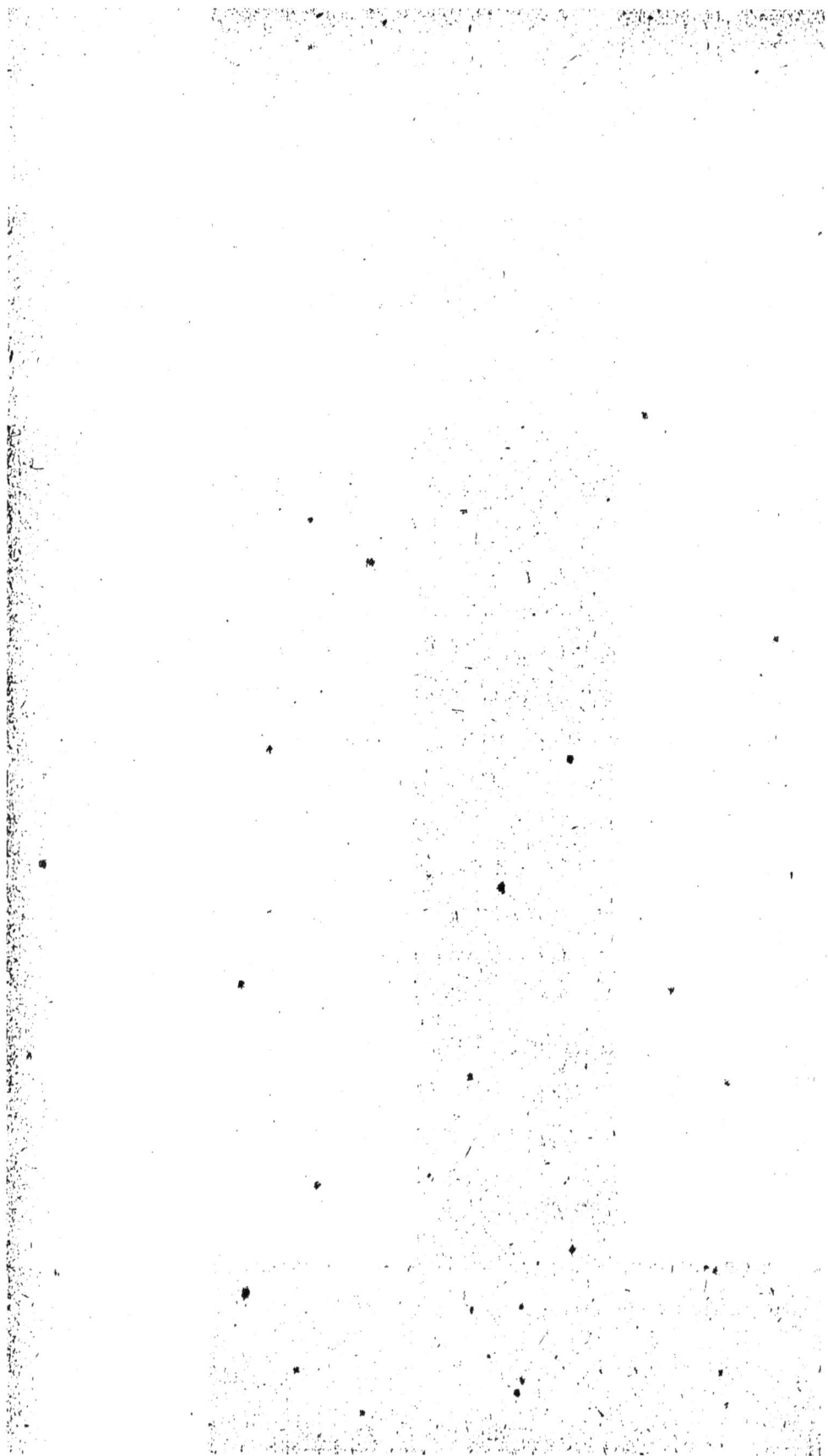

AVANT-PROPOS

Nous avons essayé, dans cet ouvrage, de retracer les principaux épisodes de la vie des insectes, ces bestioles que tant de personnes ignorent, et qui ont cependant tant de points de contact avec l'humanité, puisqu'elles peinent, travaillent, luttent et souffrent comme nous.

Obligé de faire un choix, et ne pouvant tourner qu'un feuillet de l'immense livre de la nature, nous nous sommes borné aux faits les plus intéressants, les plus curieux.

Peut-être inspireront-ils à nos lecteurs le désir d'en savoir davantage, l'ambition surtout d'étudier l'insecte chez lui, de surprendre les mystères de cette industrie dont les plus savantes descriptions ne sauraient donner une idée.

Peut-être quelqu'un sentira-t-il s'éveiller en lui, au tableau de ces merveilles dont les réalités dépassent, et de bien loin, les plus invraisemblables créations des poètes et des romanciers, la vocation des choses de l'histoire naturelle.

Nous ne saurions trop l'engager à y persévérer : les bêtes et les plantes restent fidèles à l'homme alors que tant d'amis l'abandonnent ; elles sont pour les jours de souffrance ou d'ennui une distraction utile et charmante, parfois même une consolation.

A. ACLOQUE.

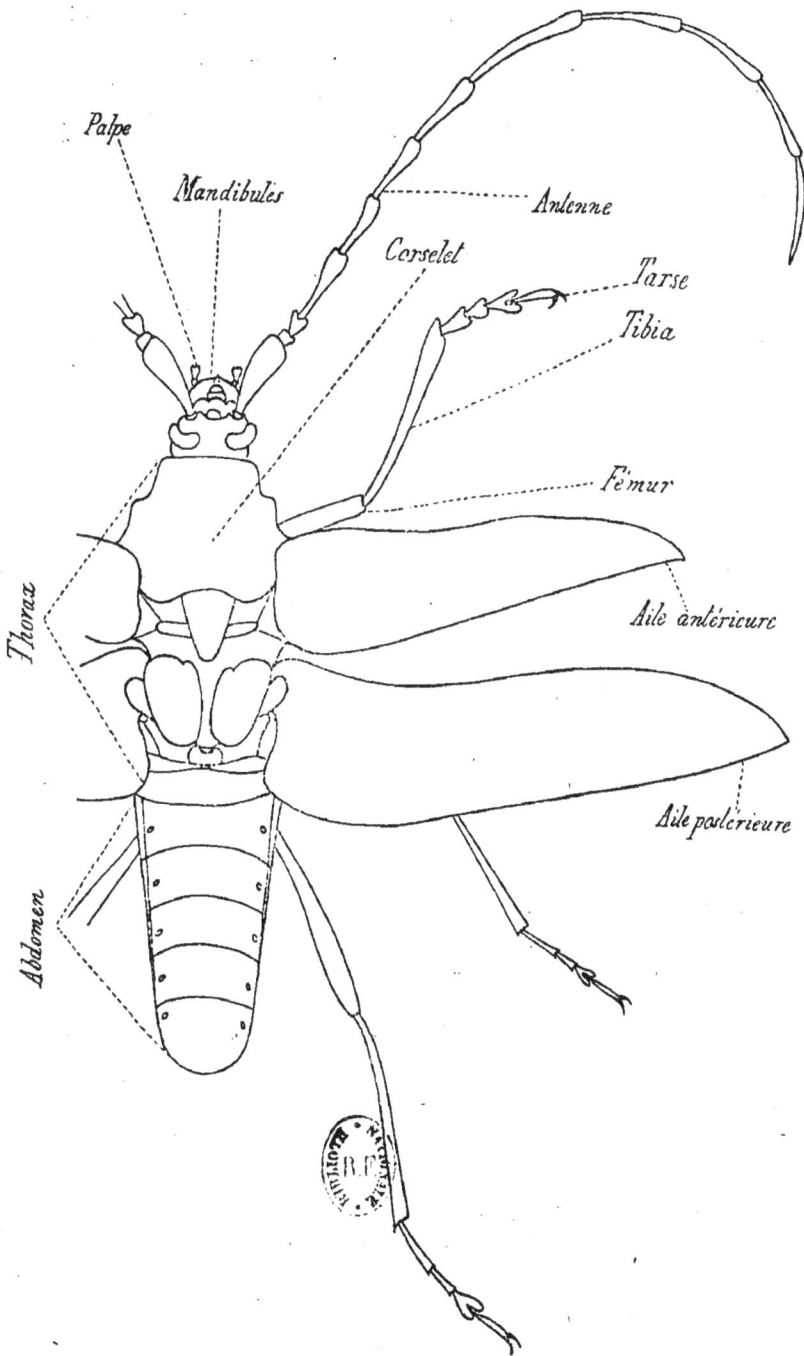

Palpe

Mandibules

Corselet

Antenne

Tarse

Tibia

Fémur

Aile antérieure

Aile postérieure

Thorax

Abdomen

Fig. 1. — Structure extérieure d'un Insecte.

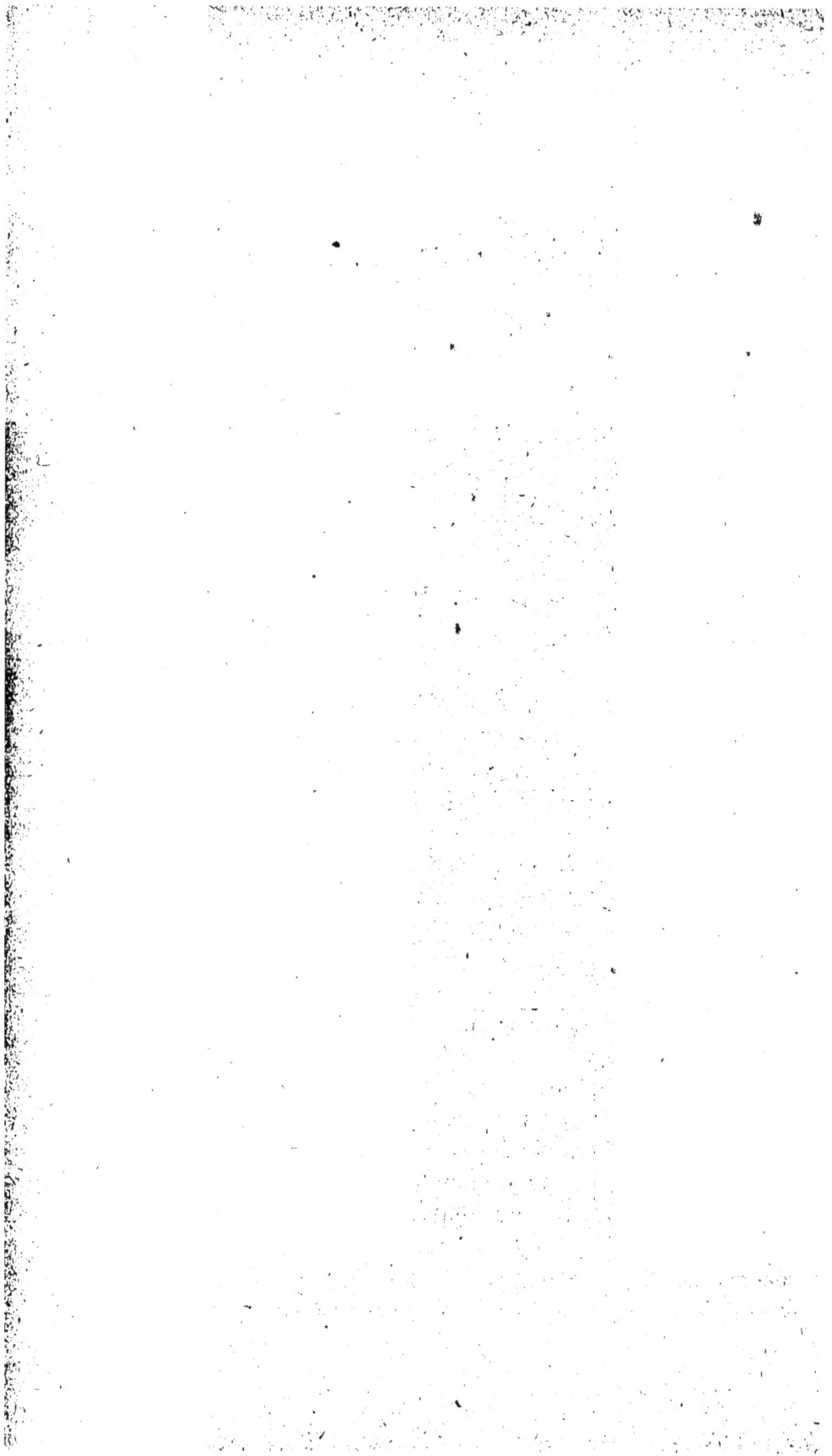

SCÈNES

VIE DES INSECTES

I

LES MÉTAMORPHOSES

Avant de faire l'histoire particulière des espèces d'insectes qui, par leurs instincts industrieux, par leurs talents de constructeurs, par leur habileté de chasseurs, par leurs ruses ou leurs mœurs, s'imposent d'une manière plus spéciale à l'attention ; avant d'aborder l'étude des races aristocratiques que leurs goûts affinés distinguent de la plèbe livrée aux travaux plus obscurs, il ne nous paraît pas inutile de tracer en quelques mots la marche de ce phénomène commun à tous les représentants de l'ordre, la métamorphose.

On sait que l'accroissement des insectes se fait grâce à une série de changements dans la forme extérieure, changements en apparence brusques, et d'une importance telle qu'ils font éclore, par exemple, d'un ver sans grâce, sans élégance, un scarabée aux couleurs brillantes, ou une abeille bourdonnante, ou un fier papillon, dont l'éclat rivalise avec celui des plus belles fleurs.

C'est là un fait universellement connu, au moins dans ses grandes lignes. Il est peu d'enfants qui n'aient recueilli et soigneusement élevé dans une boîte quelque chenille plus ou moins velue, afin d'en voir sortir, après transformation en chrysalide, le lépidoptère désiré.

Mais ce qu'on sait moins, c'est la cause exacte de la métamorphose, c'est la manière dont elle s'opère réellement.

Et cette ignorance est d'autant plus excusable que les savants n'ont pas toujours été d'accord sur la question, et que les erreurs les moins acceptables ont longtemps régné parmi les observateurs. Cependant, nous pouvons assurer qu'ils y regardent de près.

Voyons d'abord pourquoi les insectes ont des métamorphoses.

Chez les animaux qui offrent un squelette interne, et dont les muscles, les vaisseaux, les nerfs sont supportés par une charpente placée au plus profond des tissus, l'accroissement se fait progressivement, d'une manière continue et en quelque sorte insensible. Les aliments qui sont constamment absorbés viennent prendre la place des particules liquides ou solides qui cessent de faire partie du corps, qui sont éliminées, pour nous servir du terme scientifique, par le jeu des organes.

La croissance de l'individu est due, en pareil cas, à ce fait que l'apport des matériaux nouveaux est supérieur à la perte des matériaux usés, qui ne peuvent plus servir.

Un semblable mode de développement s'accorderait mal avec la rigidité de l'épiderme généralement coriace qui dessine les contours du corps chez les animaux à squelette externe.

Tous les organes des insectes sont logés dans une carapace inextensible, qui les enserre et les gêne dans leur accroissement.

Ils ne peuvent augmenter de volume qu'à la condition de se débarrasser de leur enveloppe à chaque fois qu'elle devient trop petite, et de se revêtir d'une peau neuve plus grande aussi souvent qu'il est nécessaire pour arriver à leur taille définitive.

A proprement parler, le phénomène qui permet à l'in-

secte de remplacer ainsi sa maison par une autre plus
vaste, et d'abandonner, sans efforts ni douleurs appréciables, son squelette tégumentaire, constitue la mue.

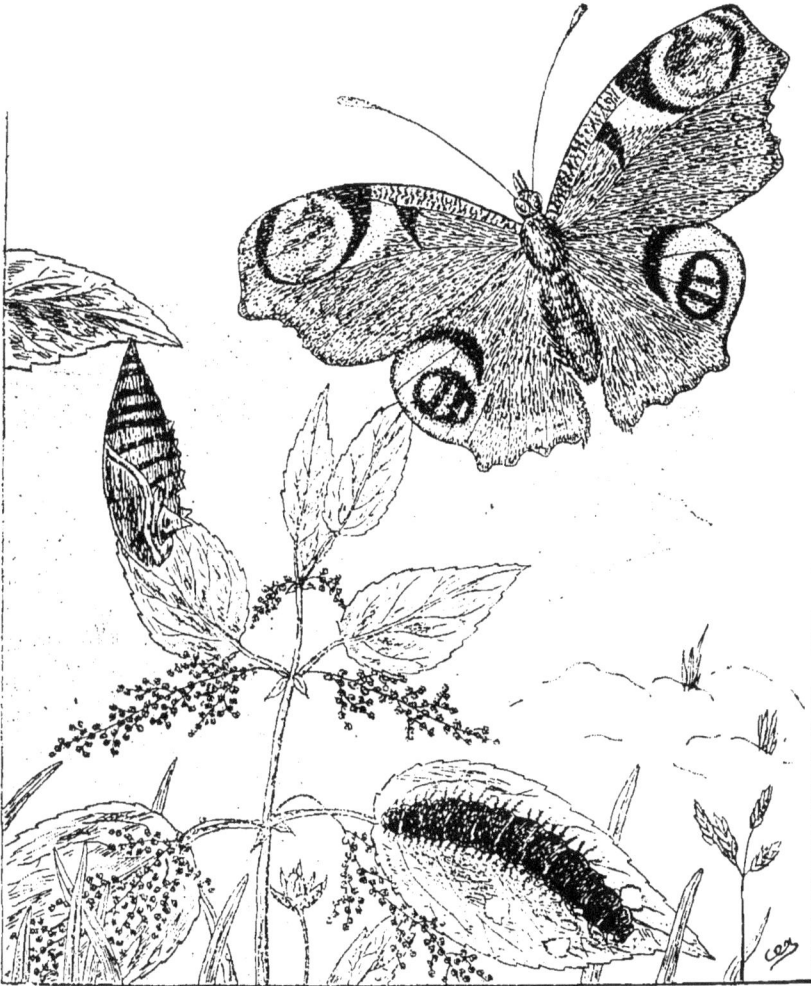

Fig. 2. — Métamorphoses de la Vanesse Paon-de-jour.

La dernière mue, qui représente véritablement la métamorphose, et au delà de laquelle l'individu complètement
différencié ne doit plus se modifier, n'a pas, à l'inverse des
autres, pour but constant d'accroître les dimensions du

corps. Au contraire, il arrive assez souvent qu'en se dépouillant pour la dernière fois de sa peau, l'animal est plus grêle, plus délicat, plus exigu qu'auparavant.

Dans tous les cas, sa forme devient notablement différente de ce qu'elle était, au point qu'on croirait voir un être nouveau, dont l'expérience seule fait retrouver l'origine, et dont le point de départ ne saurait se deviner.

Mais un tel changement ne s'opère pas d'une manière aussi simple qu'une mue ordinaire ; il nécessite une période de repos, pendant laquelle l'individu se contracte en une sorte d'œuf, qu'on a appelé œuf nymphal. Cet état intermédiaire, en deçà et au delà duquel l'insecte est agile, représente la nymphe ; chez les papillons, dont les métamorphoses sont mieux connues parce qu'elles s'opèrent à découvert, il porte le nom particulier de chrysalide.

Dans la plupart des espèces, la métamorphose se compose de modifications complexes et importantes, qui ne laissent guère subsister de la larve que la substance, et qui transforment radicalement la structure et surtout l'aspect des organes.

Comment retrouver, par exemple, la chenille à pattes ventrales et à mandibules broyeuses dans le papillon qui est muni, et seulement à la face inférieure de son thorax, de pattes allongées, fines, ciliées de soies, et qui déroule, pour puiser le nectar des fleurs, une trompe tubulaire ?

En raison de ses allures spéciales, et jusqu'à un certain point de nature à frapper l'imagination, surtout dans les cas où il est bien apparent et où il s'opère à découvert, chez les papillons, par exemple, le phénomène de la métamorphose des insectes a de tout temps servi de thème aux comparaisons imagées des poètes.

On en a fait le symbole de la résurrection, de la vie immortelle de l'âme que n'atteint point la décomposition du corps, et qui se débarrasse des langes de la chair par l'épreuve du tombeau, comme le papillon se dégage de la chrysalide.

Tout est prétexte à symbolisme dans la nature ; et on a dit de très jolies choses sur cette éclosion de feuilles, de fleurs et d'insectes qui marque l'avènement du printemps, et qui, succédant au long engourdissement de l'hiver, figure la continuation de la vie par delà la catastrophe qui arrête les battements du cœur.

Mais la poésie, rendons-lui cette justice, n'observe guère que la surface des faits, et s'en tient aux analogies apparentes. Si le mensonge lui fournit matière à quelque séduisante envolée, elle laisse la vérité dans l'ombre.

C'est pourquoi ses plus brillantes métaphores sont généralement entachées d'erreur et la métamorphose du papillon ne donne que très imparfaitement l'idée de l'âme mise en liberté par la destruction du corps.

Une erreur a longtemps dominé l'étude de la métamorphose, et faussé les observations. On croyait à une transmutation réelle, à une sorte de génération mystérieuse, créant de toutes pièces un animal nouveau, distinct de la larve : l'éclosion du papillon devenait l'analogue de ces merveilleuses métamorphoses mythologiques, qui changeaient les nymphes en génisses, et les guerriers en fleurs.

Le temps n'est pas éloigné encore où l'on a commencé à apporter à l'étude des phénomènes de la vie cette précision qui seule permet d'établir le sens véritable des faits.

Que de légendes ont eu cours, à la faveur des compilations sans contrôle, jusqu'à l'aurore de ce siècle, devenu sceptique et incrédule en matière de science, peut-être parce qu'il a donné à la science une prééminence qu'elle n'avait jamais connue ; et, pour n'en citer qu'un exemple, combien a-t-il fallu de temps pour déraciner ce préjugé scientifique de la génération spontanée !

C'est Redi qui le premier a par ses expériences établi la persistance de l'identité individuelle à travers les changements successifs de la forme, changements qui se couronnent par une plus complète et plus évidente métamorphose.

Il ne faudrait pas cependant adopter la théorie de Swammerdamm, qui prétendait ne voir, dans le développement entier de l'insecte, qu'une série d'épanouissements à la faveur desquels le jeune animal se serait successivement débarrassé de ses enveloppes contenues les unes dans les autres.

On a reconnu que l'accroissement individuel ne se fait

Fig. 3. — Métamorphoses de la Tipule. — Larve souterraine.

en aucune manière par simple acquisition de parties, mais par une différenciation continue des organes, dont la forme se modifie perpétuellement jusqu'à ce qu'elle réponde aux caractères qu'elle doit conserver.

Assurément, les diverses parties du corps du papillon existent dans la chenille, mais non pas avec la forme qu'elles doivent offrir plus tard, et de telle manière qu'elles n'aient plus qu'à se faire jour au dehors, à s'épanouir.

De même que les ailes de l'oiseau existent dans l'œuf,

Fig. 4. — Métamorphoses du Hanneton.

Les trois phases de la vie de l'insecte : Larve, nymphe, adulte (un peu grossis).

les ailes de l'insecte sont déjà présentes dans la larve, mais à l'état d'ébauche informe, d'esquisse, de rudiment ; elles y sont simplement en voie de formation.

Dans les phénomènes qui caractérisent le développement des êtres vivants, la nature semble suivre une marche hésitante et en quelque sorte tortueuse, construisant une structure passagère, transitoire, qui sert de base, de point de départ à d'autres organes plus stables, structure destinée à disparaître après avoir rendu l'unique service qui était le but de sa création, c'est-à-dire la préparation de la forme future.

Le développement des insectes, avec son enchaînement de mues qui détruit peu à peu les éléments déjà constitués pour les remplacer par d'autres, est un exemple frappant de cette élaboration remarquable de l'être vivant, qui successivement fait, défait, refait, comme si l'œuvre n'atteignait jamais un degré suffisant de perfection. Ainsi le géomètre, pour démontrer un théorème, trace des figures étrangères aux données, afin d'arriver à la solution par analogie avec d'autres propositions évidentes ou acquises.

Avant d'avoir droit à la pleine possession de toutes ses facultés, l'insecte a trois étapes à franchir. Sorti de l'œuf, il représente d'abord une larve, qui s'accroît par un certain nombre de mues successives ; puis cette larve se contracte en nymphe, généralement immobile ; et finalement, de la nymphe éclôt l'individu parfait, adulte, que le langage scientifique moderne, par analogie avec le terme qui caractérise le premier état, désigne sous le nom d'image.

Il n'entre pas dans notre cadre de faire connaître les différentes formes que peut revêtir la larve, les genres de vie très divers auxquels elle peut être astreinte. Si quelques espèces offrent à ce point de vue un intérêt spécial, nous les signalerons chemin faisant.

D'une manière générale, cependant, il est bon de faire

remarquer ici que la larve n'a pas de ressemblance avec l'état parfait.

Elle a plus ou moins l'apparence d'un ver, n'offrant

Fig. 5. — Sauterelle verte déposant ses œufs dans la terre.

que des organes extérieurs grossiers, simplement conformés pour l'usage auquel ils doivent servir, dépourvus de l'élégance que présentent au contraire ces mêmes

2

organes dans l'insecte adulte. Ses pattes sont souvent courtes ou même absolument nulles.

Beaucoup de larves sont appelées à mener, comme par une honte secrète de leur pauvre livrée, une existence obscure et cachée; c'est pourquoi elles n'offrent d'ordinaire que des yeux mal développés. Il y a, à ce point de vue, une exception caractéristique en faveur des larves qui vivent à la lumière, comme les chenilles des papillons, et qui doivent d'ailleurs à ce genre de vie d'être souvent ornées de couleurs vives.

Fig. 6. — Le Réduve à masque. Sa larve se recouvre de menus débris pour pouvoir s'approcher plus facilement des insectes dont elle se nourrit.

Ce qu'il y a de mieux développé chez les larves, c'est l'appareil buccal, et cela est nécessaire, si l'on songe que l'avenir de l'insecte et l'éclosion de sa forme future sont sous l'étroite dépendance de son alimentation à l'état de larve, et que c'est seulement pendant cette première période de son existence qu'il mange utilement.

Aussi le fonctionnement de l'appareil manducateur est-il servi par des pièces robustes et bien organisées. Et chacun sait quelle rapide besogne il peut faire parfois au détriment des intérêts de l'agriculture, qui sont les premiers intérêts matériels de l'homme.

Il peut y avoir dissemblance entre le régime alimentaire de la larve et celui de l'adulte, et il en résulte alors, cela se conçoit, des différences dans l'appareil digestif des deux états.

Les mœurs, les instincts, l'industrie des larves varient à l'infini. Il y en a qui chassent, et qui, pour se dissimuler,

Fig. 7. — Le Criocère du lis. Sa larve, pour échapper aux oiseaux, ses ennemis, se recouvre de ses excréments.

pour ne pas effrayer la proie convoitée, se recouvrent entièrement de petits corps étrangers ; d'autres emploient ce moyen dans un but de défense, et portent sur elles leurs excréments, afin de rebuter les oiseaux qui volontiers en feraient régal ; d'autres s'entourent d'un fourreau soyeux ; d'autres creusent des terriers, où se précipitent les menus insectes dont elles vivent ; d'autres s'installent en parasites à l'intérieur des chenilles, qu'elles dévorent ainsi en détail.

La plupart vivent sur la terre, les unes à découvert, les autres se creusant des galeries soit dans le sol, soit dans les tiges des herbes ou les troncs des arbres. Il y en a qui naissent et croissent dans l'eau ; et l'individu ailé qui en éclôt ou bien vit également dans le milieu aquatique, ou bien s'en échappe et va se mêler aux essaims aériens qui tourbillonnent au-dessus des rivières et des étangs.

Les brillantes demoiselles, les délicates éphémères sont dans ce dernier cas.

Quand vient le moment de la métamorphose, quand la larve sent se développer en elle-même une secrète aspiration vers de plus nobles destinées, elle cesse de manger, se pelotonne, se contracte, devient immobile et s'enferme dans une sorte de coque, qui laisse vaguement deviner les contours extérieurs de la forme future.

Cet état intermédiaire constitue la nymphe. La nymphe est une momie, entourée de langes chitineux, mais une momie vivante, qui s'éveillera à la lumière, et qu'on ne saurait comparer à ces horribles débris parcheminés que nous ont légués les civilisations antiques.

L'état nymphal affecte une foule de formes. La plus connue de ces formes est celle qu'il revêt chez les papil-

Fig. 8. — Chrysalide de Sphinx.

lons, où on la désigne généralement sous le nom de chrysalide.

Dans beaucoup d'espèces, la larve, avant de se contracter en nymphe, prend soin de chercher un abri sûr où elle pourra sans danger franchir cette étape dangereuse ; elle se tisse un cocon soyeux, ou bien elle se façonne dans le sol une loge ovale, dont les parois sont tapissées par un fin réseau de filaments feutrés.

Pour apparaître au jour, l'insecte parvenu à l'état adulte, rompt l'enveloppe de la nymphe, et dégage peu à peu son thorax, puis sa tête, ses pattes, ses ailes.

Rien n'est intéressant et curieux comme d'assister à cette éclosion d'un être qui sort ainsi en quelques instants, avec tous les apanages de la vie et de l'activité, d'un étroit berceau où il était condamné à la plus complète immobilité. Peu de spectacles imposent autant à l'esprit humain l'admiration de la Sagesse infinie qui a tout fait avec ordre et avec mesure.

Quand il sort de la nymphe, le nouvel insecte est terne, décoloré, mou ; ses ailes sont repliées, chiffonnées, en quelque sorte, n'offrent aucune consistance et ne sauraient servir au vol.

Sous l'influence de la lumière, car l'insecte, au sortir de l'enveloppe nymphale, a l'instinct ordinairement de la chercher, ou tout au moins sous l'action de l'air, le squelette se durcit, se colore. Le sang pénètre, circule dans les nervures des ailes, qui ne sont autre chose que des tubes creux ; la membrane s'étale, se dessèche, devient rigide.

La métamorphose est accomplie.

Nous nous reprocherions de clore ce chapitre sans accorder une rapide mention à un cas rare, presque exceptionnel, où le phénomène ne se limite pas aux trois phases ordinaires, mais dépasse la mesure, et se complique de conditions supplémentaires.

Ce cas se rencontre chez les méloïdes, et il nous suffira, pour en donner une idée, de faire voir comment les choses se passent chez le méloé.

Dans cette espèce, les larves qui sortent directement des œufs offrent une ressemblance générale avec les poux, et cette analogie, jointe à l'ignorance où l'on était relative-

ment à leurs transformations, avait conduit quelques
naturalistes à les décrire comme un être spécial, sous le
nom de triongulin.

Fig. 9. — Première larve du Méloé ou Triongulin.

A peine nées, ces larves grimpent sur les plantes à
fleurs recherchées des abeilles, et s'installent dans les
corolles ouvertes.

Toutefois, elles n'y viennent en aucune manière recueillir
du nectar ; elles attendent simplement qu'une abeille fasse
à la fleur une visite intéressée.

Le laborieux insecte vient, fait sa récolte, s'en va, pour
compléter ailleurs sa provision. Mais il n'emporte pas

Fig. 10. — Deuxième larve du Méloé.

seulement sa jaune pelote de pollen. Un triongulin s'est
cramponné à ses poils, et l'étranger, arrivé au domicile de
l'abeille, n'a rien de plus pressé que de s'introduire dans

une cellule où sa bienfaitrice a déposé un œuf et du miel.

Pour éviter toute compétition, l'intrus, aussitôt que la cellule est close, se met en devoir de dévorer au préalable l'œuf de l'abeille.

Cela fait, il subit dans sa forme une profonde modifi-

Fig. 11. — Le Méloé adulte.

cation : il devient mou, dodu, charnu, se courbe en arc, réduit la longueur de ses pattes.

Dans cet état, il se gorge de miel, et, quand il a atteint son développement complet, il se transforme en une fausse-nymphe, d'où sort une nouvelle larve qui se change alors en une véritable nymphe, berceau de l'état parfait.

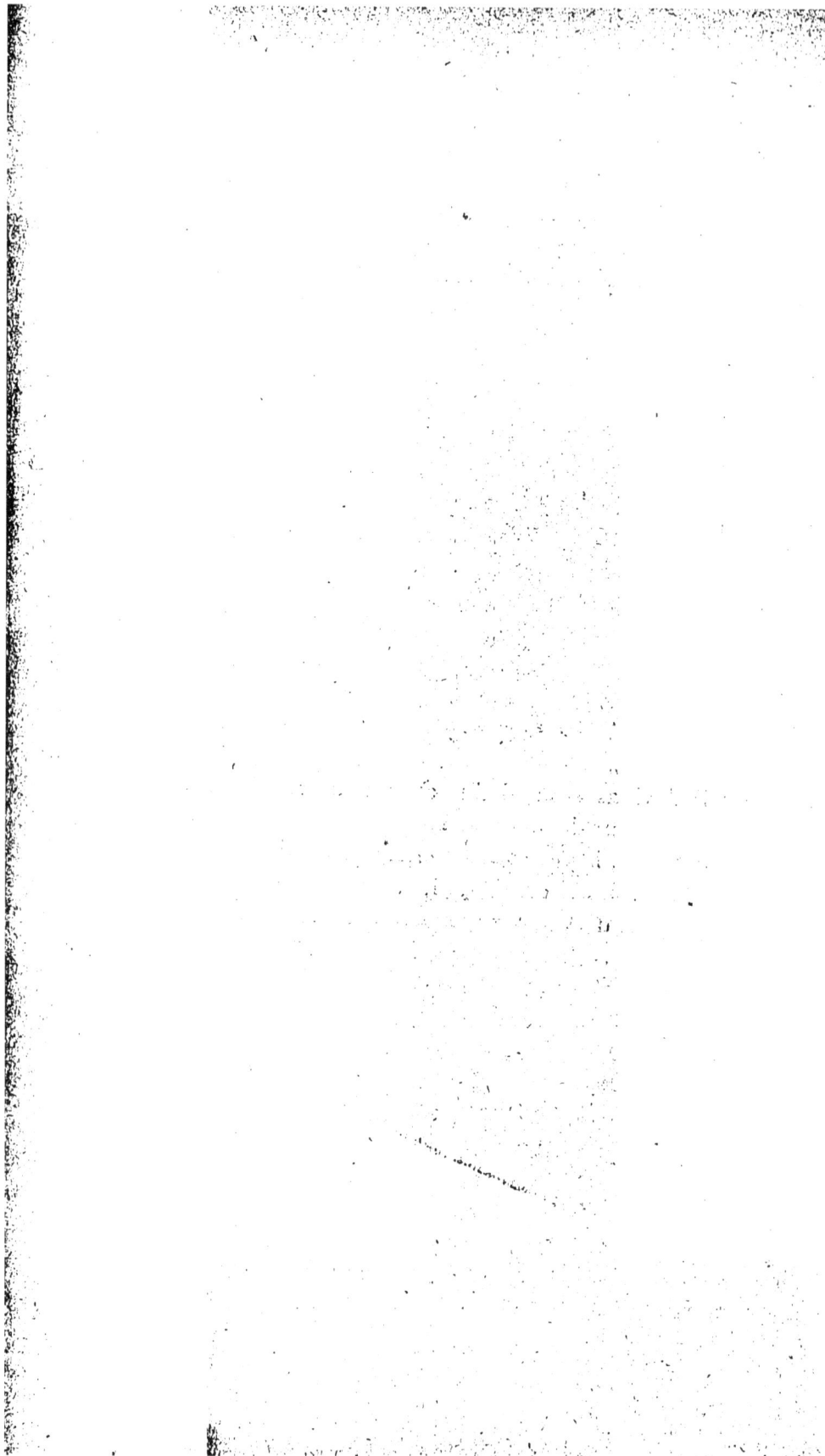

II

LES GUÊPES ENTOMOPHAGES

Il y a, parmi les insectes, toute une légion de dévastateurs très prolifiques, dont les nombreuses espèces,
abondamment représentées, s'attaquent aux végétaux,
dévorant les feuilles, coupant les tiges, rongeant les bourgeons et les fleurs, anéantissant parfois les promesses des
plus belles récoltes, sans aucune considération pour
l'homme, qui, les ayant plantées, en attend un légitime
profit.

Contre ces ennemis, qui parfois pullulent dans des
proportions de nature à dérouter l'imagination, toute
défense est presque vaine. La chimie a beau mettre en jeu
son arsenal de poisons, le parasite en triomphe, et sa
fécondité est à peine entravée par tous ces produits aux
noms rébarbatifs, qui tuent plus sûrement la plante à
protéger que la chenille ou le puceron.

La lutte serait inégale, si la nature ne prenait soin elle-
même, pour maintenir l'ensemble des êtres vivants dans
un sage équilibre, d'apporter une entrave à la multiplication des insectes à régime végétal en leur suscitant
d'irréconciliables ennemis.

Et la mesure est prudente, car si leur multiplication
n'était pas arrêtée par le bec des oiseaux ou par les tenailles
de leurs congénères carnivores, les chenilles, les charançons, les chrysomèles, les capricornes, les mouches-à-scie
auraient tôt fait d'accaparer à leur exclusif bénéfice tout ce

que le règne végétal peut offrir d'aliments accessibles à leurs mandibules.

Les insectes phytophages, c'est-à-dire mangeurs de plantes, indépendamment des adversaires qui les attaquent ouvertement et qui leur font la chasse, deviennent souvent la proie d'ennemis aux allures plus insidieuses, à la tactique plus sournoise.

Ces ennemis, ce sont les guêpes qui ont pour habitude spéciale de donner en pâture à leurs larves des larves d'autres insectes sur lesquelles elles pondent leurs œufs.

Les chenilles sont principalement en butte aux attaques de ces guêpes, et cela s'explique par ce fait qu'elles vivent ordinairement à découvert. Toute médaille a son revers : et les malheureuses bêtes expient cruellement la satisfaction qu'elles ont de jouir du grand air et du soleil.

Car il n'est pas vraisemblablement de supplice plus affreux que cette mort en détail qui les attend.

L'étude des mœurs des guêpes entomophages a révélé, aux habiles observateurs qui en ont fait le but de leurs recherches, un grand nombre de faits admirables, véritablement merveilleux, des prodiges d'ingéniosité, un instinct sûr, plus impeccable que l'intelligence la mieux éclairée.

Le détail de ces faits remplirait un volume comme celui-ci. Nous devons donc nous borner à résumer les plus intéressants; nous ferons notre possible pour ne rien laisser dans l'ombre de ce trait captivant de l'histoire des insectes.

Suivons, par exemple, les allées et venues de l'odynère des murs, guêpe noire toute bariolée de jaune, au moment où les premières chaleurs de l'été ramènent pour elle la saison du travail.

Elle choisit, pour y établir son nid, un vieux mur ou le revers argileux d'un fossé. Elle creuse, à l'aide de ses mandibules, un trou d'un diamètre un peu plus grand que celui de son propre corps, et profond d'environ dix centimètres.

L'argile qui ferme la paroi du trou est consciencieusement

humectée de salive, et la guêpe la détache en boulettes
qu'elle rejette au dehors et qu'elle fixe de manière à former
un tube qui prolonge extérieurement le nid et qui se
recourbe en bas.

Voilà le nid prêt; l'odynère se met en quête de proie.

Volant de-ci de-là, affairée, l'air agressif, ses yeux luisants fouillant les haies, les broussailles, elle explore les
environs.

Soudain elle aperçoit une chenille qui broûte tranquille-

Fig. 12. — L'Odynère des murs, guêpe qui alimente son nid avec des chenilles.

ment, inconsciente du danger, le sommet tendre d'une
jeune pousse.

C'est une victime toute désignée. La guêpe se précipite,
s'en empare, l'arrache brutalement aux délices de la table,
la presse contre sa poitrine en l'obligeant, à l'aide de ses
pattes, à se tenir allongée, et l'emporte jusqu'au bord de
son terrier.

Arrivée là, elle l'entraîne, en la tirant avec ses mandibules, jusqu'au fond du nid; la chenille, craintive, cédant
à l'instinct de défense qui se fait jour chez elle à l'approche
de tout péril, s'y enroule d'elle-même.

Le premier acte du drame est accompli. Mais l'odynère
ne juge pas la proie suffisante. Elle recommence le même
manège, et ses chasses continuent jusqu'à ce qu'elle ait

entassé dans son nid, toutes enroulées en cercles superposés, dix et même douze chenilles.

Quand la provision lui parait assez copieuse, elle dépose un œuf sur la dernière larve apportée, et ferme le nid avec des boulettes d'argile empruntées au tube extérieur.

Les chenilles déposées, enfermées dans le nid, ne sont pas mortes : la larve de l'odynère a des goûts fins, et ne s'accommoderait pas d'une proie en putréfaction.

Cette immobilité à laquelle elles sont condamnées est le résultat de la piqûre dont la guêpe les a gratifiées, et qui a fait pénétrer dans leur corps une goutte très ténue d'un venin capable de paralyser complètement leurs mouvements.

Quand l'odynère a fermé son premier terrier, elle en ouvre un deuxième, puis un troisième, et ainsi de suite jusqu'à ce que son dernier œuf soit pondu.

Les œufs confiés aux nids éclosent peu de temps après, et de chacun sort une larve qui, à peine née, sait tirer parti de l'abondant festin préparé par une mère attentive, et dévore les chenilles l'une après l'autre.

Le repas dure environ trois semaines; quand il est terminé, la larve tapisse d'une coque résistante les parois de sa maison, et attend le printemps pour se métamorphoser.

Tout un groupe d'hyménoptères, les sphégiens, offrent des mœurs analogues, avec seulement de légères différences dans le mode de construction des nids ou dans le choix des victimes.

On en trouve quelques espèces dans le midi de la France, dont l'instinct remarquable a été, avec un talent hors de pair, mis en lumière par un observateur sagace et habile, M. Fabre.

Le sphex à ailes jaunes, une de ces espèces, subit sa dernière métamorphose et sort de la coque où sa nymphe s'est abritée vers la fin du mois de juillet, et il passe tout le mois d'août uniquement occupé à recueillir le nectar mielleux des fleurs estivales.

Mais, au commencement de septembre, un souci plus haut vient l'arracher à ses jeux et lui imposer une lourde tâche.

Dans un endroit sablonneux et ensoleillé, de préférence sur le bord élevé d'un chemin, quelques mères se réunissent, et les travaux commencent : pattes et mandibules rivalisent d'activité pour attaquer le sol, pour rejeter les débris sous forme d'un nuage pulvérulent, où parfois se mêlent quelques gros graviers.

La terre se creuse peu à peu, et dans le trou qui progressivement s'excave, devient plus profond, le sphex s'agite, ses ailes modulant par leur vibration une sorte de sifflement aigu, tout le corps animé d'une vive trépidation, les antennes frémissantes, les jambes postérieures poussant en arrière le sable qui jaillit hors de la cavité.

Le nid est terminé. Il s'agit maintenant de l'approvisionner : la chasse va commencer.

Le terrier s'ouvre sur le flanc d'un petit monticule, et sa partie la plus extérieure se compose d'une galerie horizontale profonde de deux ou trois pouces. Cette galerie est le chemin d'accès, et aussi la chambre où le sphex s'abrite pendant la nuit ; à sa suite, et formant un coude brusque, un tube descend verticalement, aussi long que la galerie d'entrée, et terminé par une cellule ovale un peu plus large.

C'est le nid proprement dit.

Chaque terrier en contient trois ou quatre, qui reçoivent l'un après l'autre leur œuf et leur approvisionnement de proie, et dont l'ouverture commune est ensuite obstruée complètement par les déblais qui ont été rejetés pour creuser la galerie.

Le sphex, qui, dans l'espace d'un mois, doit creuser au moins une dizaine de terriers semblables, n'a pas le temps de leur donner, comme font d'autres espèces, une solidité à toute épreuve ; la larve supplée aux défauts de la construction en tapissant sa cellule de plusieurs couches soyeuses que secrètent les glandes dont elle est pourvue.

Le sphex à ailes jaunes alimente son nid avec des gril-

lons, et il lui faut déployer, pour s'emparer de sa proie et
pour la transporter, un certain courage : car le gibier est
fort, capable de se défendre avec énergie, et de plus, très
lourd. Aussi se repose-t-il fréquemment.

Fig. 13. — Le Sphex à ailes jaunes, transportant un grillon à son terrier.

Quand il n'est plus qu'à une petite distance de son
terrier, il s'abat sur le sol, chargé de son fardeau, et se
dirige pédestrement vers l'entrée du nid, tirant à lui par
une antenne le grillon qui se heurte à tous les obstacles du
chemin.

Tâche ingrate ! Labeur pénible !

Enfin, voici la victime parvenue à destination, étendue sur la terre, la tête tournée vers l'ouverture du terrier.

Le sphex abandonne sa proie, pénètre rapidement dans la galerie, en sort quelques secondes après, et, saisissant à nouveau le grillon par une antenne, l'entraîne au fond du terrier. Il ne livre, on le voit, rien au hasard dans l'approvisionnement de son nid.

Avant d'y introduire sa proie, son instinct l'oblige à visiter le terrier, de crainte qu'un parasite, avec l'insidieux désir de faire sien le travail d'autrui, n'y ait, pendant son absence, élu domicile.

Et cette loi de l'instinct est si constamment obéie que, lorsqu'on éloigne le grillon du nid, tandis que le sphex opère sa visite domiciliaire, celui-ci, après avoir ramené la victime dans la position voulue, recommence la même manœuvre préalable. On peut répéter indéfiniment cette expérience : le résultat ne varie pas.

Bien plus, et ce fait démontre que l'industrie du sphex relève non de l'intelligence, mais de l'instinct, si on lui enlève son grillon, et si on le cache de telle manière qu'il ne puisse le retrouver, après quelques recherches infructueuses, loin de se mettre en quête d'une nouvelle proie, il revient à son nid et se met consciencieusement à le boucher, comme s'il renfermait un grillon.

Le gibier que le sphex transporte à son terrier n'est pas mort, mais seulement engourdi et comme paralysé : un cadavre décomposé serait pour la jeune larve une médiocre nourriture. Mais il faut aussi que le grillon ne puisse faire usage de ses mandibules.

L'hyménoptère possède donc un moyen de condamner la victime à l'immobilité absolue, tout en respectant sa vie. Comment opère-t-il pour arriver à ce double résultat ? M. Fabre va nous l'enseigner ; il a pu surprendre le secret du sphex en lui enlevant sa proie, et en y substituant une autre bien vivante.

Car il eût fallu une chance exceptionnelle pour suivre

les évolutions de l'insecte en quête d'une proie, et surtout
pour l'observer au moment précis où il se précipite sur le
grillon qu'il convoite.

M. Fabre a réalisé en quelque sorte artificiellement cette
condition ; son récit, orné des charmes d'un style gracieux,
offre un intérêt captivant :

« Un chasseur survient, charrie son grillon jusqu'à
l'entrée du logis, et pénètre dans son terrier. Ce grillon est
rapidement enlevé et remplacé, mais à quelque distance
du trou, par un des miens. Le ravisseur revient, regarde,
et court saisir la proie trop éloignée. Je suis tout yeux,
tout attention. Pour rien je ne céderais ma part du drama-
tique spectacle auquel je vais assister. Le grillon, effrayé,
s'enfuit en clopinant ; le sphex le serre de près, l'atteint et
se précipite sur lui. C'est alors au milieu de la poussière
un pêle-mêle confus où, tantôt vainqueur, tantôt vaincu,
chaque champion occupe tour à tour le dessus ou le dessous
dans la lutte. Le succès un instant balancé couronne enfin
les efforts de l'agresseur. Malgré ses vigoureuses ruades,
le grillon est terrassé, étendu sur le dos. Les dispositions
du meurtrier sont bientôt prises. Il se met ventre à ventre
avec son adversaire, mais en sens contraire, saisit avec
ses mandibules l'un ou l'autre des deux filets abdominaux
du grillon, et maîtrise avec ses pattes de devant les efforts
convulsifs des grosses cuisses postérieures. En même
temps, ses pattes intermédiaires étreignent les flancs pan-
telants du vaincu, et ses pattes postérieures, s'appuyant
comme deux leviers sur sa face, font largement bâiller
l'articulation du cou. Le sphex alors recourbe verticalement l'abdomen, de manière à ne présenter aux mandibules du grillon qu'une surface insaisissable, et l'on voit,
non sans émotion, son stylet empoisonné plonger une
première fois dans le cou de la victime, puis une seconde
fois dans l'articulation des deux segments antérieurs du
thorax. »

L'aiguillon va donc atteindre et blesser la partie du
système nerveux qui donne le mouvement aux pattes, et

le sphex, par instinct aussi savant que nos plus éminents physiologistes, n'a pas eu besoin d'étudier pour apprendre en quel endroit il doit frapper sa victime, et pour trouver la partie dont la blessure doit amener la paralysie des membres sans cependant faire mourir le grillon.

Un fait remarquable dans l'histoire des guêpes entomophages, c'est que la plupart approvisionnent leur nid avec des insectes appartenant à la même espèce ou au moins au même genre.

Ainsi la cercéris des sables entasse dans chacun de ses

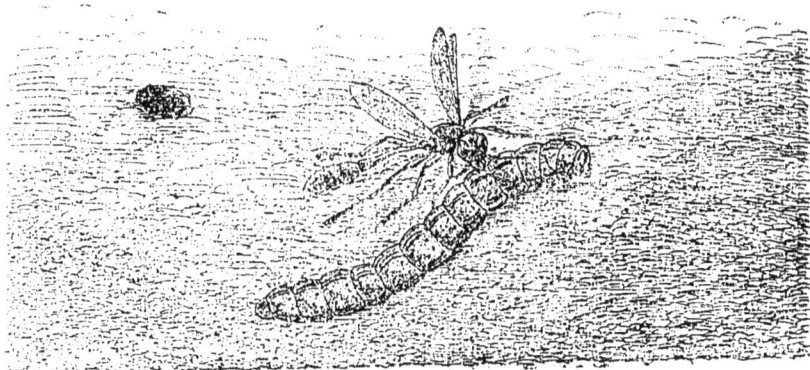

Fig. 14. — Sphex s'emparant d'une chenille.

nids une dizaine de petits coléoptères du groupe des charançons à élytres soudés, et ne paraît rechercher aucun gibier en dehors de ce groupe. Son instinct, de plus, lui permet de découvrir ses petites victimes dans leur coque, alors que, nouvellement métamorphosées, elles n'ont pas encore assez de force pour s'échapper de leur prison : tous les individus qu'elle transporte à son nid, en effet, ont encore les élytres flexibles, et leurs pattes très faibles ne leur permettraient pas de marcher.

Une autre espèce, la cercéris bupresticide, s'attaque exclusivement aux buprestes, et sait les guetter au moment où ils sortent des galeries qu'ils ont creusées dans les troncs, et où ils ont opéré leur transformation.

Plus habile que les entomologistes les mieux exercés, cette guêpe découvre, dans les localités qui en paraissent le plus dépourvues, assez de buprestes pour en nourrir sa progéniture ; et si l'on veut avoir une idée de ce genre, c'est aux nids de la cercéris, avant le développement de la larve qu'ils contiennent, qu'il faut s'adresser.

Il y a des guêpes qui ne craignent pas de se mesurer avec les araignées ; et c'est alors bataille de brigand à brigand.

Fig. 15. — Lutte entre un Pompile et une Araignée.

L'araignée dresse ses crochets venimeux, cherchant à saisir la guêpe au défaut de l'abdomen ; mais celle-ci multiplie les attaques, étourdit l'adversaire, feint de se retirer, revient à la charge, et finalement joue de l'aiguillon.

Puis elle emporte l'araignée à son nid. Et celle-ci, malgré son venin, devient la proie de la larve qui sort de l'œuf collé à ses flancs ; elle est désarmée comme une vulgaire chenille, et elle expire dans les tortures.

Ce doit être un supplice bien affreux que de se sentir ainsi rongé tout vivant.

Le philanthe apivore, qui est pour cela et à juste titre détesté des apiculteurs, approvisionne ses nids avec des abeilles.

Les bembex, dont les larves vivent également de proie, offrent des mœurs un peu différentes de celles des autres sphégiens, et méritent une mention spéciale par ce fait que, au lieu d'entasser dans leur nid des vivres en quantité suffisante pour amener la larve à son complet développement, ils l'alimentent au jour le jour, comme font les oiseaux pour leurs petits.

Fig. 16. — Le travail des Bembex.

Ces hyménoptères sont extrêmement actifs. Quand les mères creusent leur nid, la rapidité des mouvements est telle qu'elle dissimule, en quelque sorte, la manœuvre, et que, au milieu de tous ces efforts, de toute cette agitation, on ne distingue guère que le jet de sable pulvérisé qui jaillit au loin, entre les pattes de l'insecte.

Ce nid est de construction sommaire, et ne comprend pour ainsi dire que la chambre, assez vaste, où la larve, tout entière aux satisfactions de son estomac, va s'asseoir à un festin ininterrompu de quinze jours. La communication avec l'extérieur est interrompue, et il **n'y a pas de galerie** venant s'ouvrir au dehors.

Lorsque le nid est achevé, c'est-à-dire lorsque le trou destiné à recevoir, à abriter la larve, est creusé, le bembex se met en quête d'une petite proie, qui est ordinairement une mouche exiguë, une lucilie, un stomoxys, ou quelque sphérophorie à l'abdomen grêle.

Le gibier capturé est apporté au terrier, inerte, ne remuant plus, et reçoit un œuf. De cet œuf sort la larve du bembex, qui n'a rien de plus pressé, une fois éclose, que de se mettre à table.

La prévoyance du bembex, qui n'offre d'abord, à l'appétit de sa jeune progéniture, qu'une mouche délicate, est véritablement admirable. Tout est calculé, pesé, et l'instinct de l'insecte, dirigé par une volonté souverainement intelligente et prévoyante, ne se trompe pas : il faut ménager les mandibules de la petite larve, qui ne sauraient mordre sur un gros gibier à l'épiderme dur, coriace. Et, de plus, une proie volumineuse aurait le temps de se décomposer avant d'être complètement dévorée, et la chambre s'emplirait de gaz malsains.

A mesure que la larve grandit, son estomac devient plus exigeant, son coup de fourchette, passez-moi l'expression, plus ample, plus assuré ; elle dévore avec avidité, comme les oisillons au nid ; et la mère doit déployer une activité sans égale pour offrir assez de victuailles à un si robuste appétit.

Cette mère n'est pas inférieure à sa tâche ; à l'heure voulue, la proie est apportée au nid, de plus en plus volumineuse, les morceaux de résistance venant les derniers, pour parachever l'œuvre et donner à la larve la force nécessaire pour subir la crise de la métamorphose, qui se prépare.

Et qu'on veuille bien considérer combien est rude ce travail d'approvisionnement. Quand l'oiseau vient à son nid, apportant la chenille dodue, le ver délicat aux petits becs qui bâillent largement, en poussant des cris d'affamés, il n'a qu'à s'insinuer doucement entre les feuilles qui abritent la couvée.

Le bembex, lui, à chaque fois qu'il revient de la chasse, est obligé de se creuser une galerie pour parvenir à son terrier ; il lui faut donc à la fois un sens bien précis de l'orientation pour retrouver sans tâtonner l'endroit où il a déposé sa larve, et un talent tout particulier de fouisseur pour parvenir ainsi, à maintes reprises, jusqu'à la chambre souterraine, en dépit du sable qui constamment s'éboule.

A l'inverse des autres guêpes entomophages, les bembex n'apportent à leur nid que des proies mortes, et cette exception s'explique par une cause très simple.

Comme ils poursuivent un gibier ailé très agile, capable de saisir pour leur échapper la moindre occasion, la moindre faute dans la tactique d'attaque, ils ne peuvent mesurer leurs coups.

Certes, ce n'est pas une capture facile que celle d'un taon, ou d'un bombyle, insectes assez robustes pour opposer à l'assaillant une vigoureuse résistance. L'aiguillon, par suite, ne saurait être, dans une lutte si chaude, manœuvré avec prudence, avec ménagement ; ailleurs simple stylet à paralyser, il devient ici un poignard assassin.

Il en résulte que tous les insectes pris par le bembex, avec l'intention d'en faire profiter sa progéniture, sont tués, et non pas simplement réduits à l'immobilité, comme les chenilles ou les grillons transportés par les sphex. Cela se voit à leurs yeux qui se décolorent, à leurs téguments qui deviennent livides, à leurs articulations qui se brisent aisément.

Et c'est pourquoi l'approvisionnement du nid se fait chaque jour, à mesure que les aliments s'épuisent. Le bembex ne saurait entasser d'avance, pour une éducation qui durera au moins quinze jours, tous les matériaux nécessaires ; car la corruption les atteindrait avant qu'ils n'aient pu être utilisés.

On le voit, une merveilleuse relation de cause à effet oblige cette guêpe à un labeur continuel, labeur qui ne paraîtra pas précisément une sinécure si on considère que, pour mener une seule larve au seuil de la métamorphose, il ne faut pas moins de soixante pièces de gibier.

III

LES ICHNEUMONS

Les ichneumons se rapprochent des guêpes dont nous venons d'esquisser l'histoire par leurs mœurs et leurs instincts, leurs larves se nourrissant également de proie vivante ; mais ils s'en éloignent par ce fait qu'ils ne font pas de nids, et aussi par la forme de leur corps.

La taille, assez grande chez les vrais ichneumons, se réduit progressivement chez les espèces qui représentent en quelque sorte une dégradation de ce type, et dont on a fait les familles des braconides et des chalcidites.

Les habitudes entomophages s'y maintiennent rigoureusement analogues ; mais les proportions deviennent véritablement exiguës, en même temps que la structure, surtout en ce qui concerne les nervures des ailes, perd de sa complication.

D'une manière générale, on peut dire que les ichneumons ont une forme grêle, élancée, allongée, avec des antennes longues et filiformes, qui, dans les espèces vraies, sont souvent ornées d'un anneau blanc ; leur abdomen est quelquefois aussi large à la base que le thorax, mais ordinairement il s'amincit, ce qui lui donne en ce point une grande flexibilité.

Il est très souvent terminé par une tarière plus ou moins allongée, qui se compose d'un stylet central et de deux valves destinées à le protéger et à le consolider.

Cette tarière est un instrument de meurtre. Elle sert aux ichneumons à déposer leurs œufs sous l'épiderme des larves dans lesquelles doit se développer leur propre progéniture.

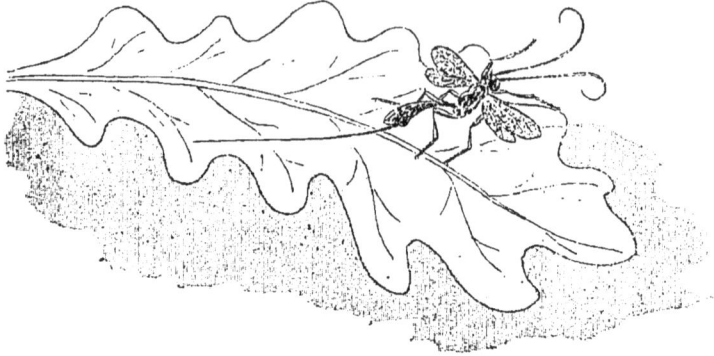

Fig. 17. — Le Mésosterne porte-glaive.

Ces larves qui ont le privilège peu enviable de servir de cible aux piqûres des ichneumons, sont de préférence des chenilles.

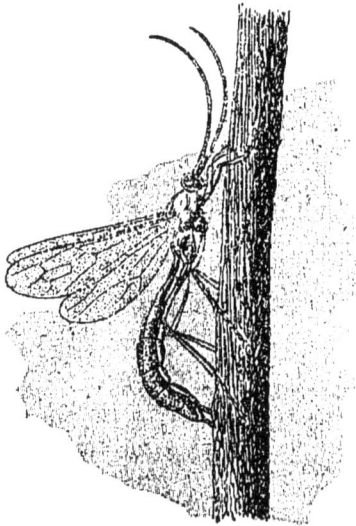

Fig. 18. — L'Anomalon circonflexe, dont les larves vivent dans la chenille du Bombyx du Pin.

Les chenilles constituent une catégorie de bêtes malheureuses qui doivent trouver que la lutte pour la vie n'est pas précisément pour elles une sinécure, car elles n'échappent à un danger que pour retomber dans un autre.

De Charybde en Scylla! Le sphex les roule dans son nid, engourdies par son aiguillon venimeux, afin qu'elles servent de pâture encore vivantes à ses enfants ; l'ichneumon leur confie sa descendance, qui n'aura rien de plus pressé que de dévorer les entrailles de son hôte ; l'oiseau les happe, le gourmand, d'un coup de bec.

On serait tenté de les plaindre, si les dégâts qu'elles causent ne leur enlevaient tout droit à notre pitié.

Les ichneumons en quête de proie se font remarquer par une agitation qui tient de la fièvre ; leurs antennes vibrent ; leurs ailes frémissent ; ils volent de-ci de-là, furetant partout dans les herbes, sous les feuilles des buissons, ne se posant que juste le temps de piquer, de leur tarière redoutable, quelque larve paisible.

On ne saurait se faire une idée de cette activité sans l'avoir contemplée ; mais c'est un spectacle inoubliable pour quiconque a pu le voir et l'admirer.

Aux ichneumons se mêlent, dans les endroits où le gibier est abondant, une foule d'autres brigands dont les intentions sont tout aussi meurtrières, et qui viennent là pour tuer : guêpes bariolées, à l'aiguillon aigu, mouches sanguinaires dont la trompe est un poignard.

« J'ai eu l'occasion une fois, écrit Taschenberg, d'observer cette sorte de fête foraine, comme j'appellerais volontiers cette réunion de petits êtres. C'était par un été très sec, et chaque bête, chaque plante soupirait après la pluie. Un orage avait enfin amené une ondée rafraîchissante ; et, le long d'une route assez large, ombragée en divers endroits par une forêt d'arbres feuillus et de pins mélangés, il était resté quelques places humides et quelques flaques parmi les herbes et les ronces. Des milliers d'insectes altérés se trouvaient là réunis : des ichneumonides grands et petits, sans tarière ou à longue tarière,

des ophionines, des mouches et des papillons, tour-
billonnaient, foule bigarrée, voltigeant et grouillant.
L'herbe fraîche, et surtout les bords humides des flaques
exerçaient sur ces insectes un attrait irrésistible et semblaient imposer une sorte d'instinct paisible à ces petits
êtres d'ailleurs belliqueux, et même toujours prêts à
faire acte d'hostilité. Je suivais ce chemin à une heure
assez avancée de l'après-midi, et je fus véritablement
émerveillé de cette vitalité. »

Quand le traître ichneumon vient rôder autour d'une

Fig. 19. — Exentère déposant un œuf dans une larve de Lophyre.

chenille qu'il convoite, celle-ci paraît avoir conscience du
danger, car elle contracte et déplace son corps, dans
l'espérance fragile de le soustraire à la tarière redoutée.

Vaine défense ! l'aiguillon vient piquer la victime, et
l'œuf glisse avec rapidité jusqu'à la pointe aiguë qui le
fait pénétrer sous l'épiderme du ver dodu.

L'ennemi est dans la place ; l'ichneumon secoue victo-
rieusement ses ailes, et s'en va ailleurs continuer ses
méfaits. La chenille, remise de la brusque douleur causée
par le dard de la guêpe, recommence à brouter, et oublie,

dans la satisfaction de son estomac rempli, qu'elle porte désormais en elle-même le germe de sa mort.

Cependant l'œuf étranger éclôt ; il en sort une petite larve qui ne demande qu'à vivre et par suite qu'à manger, et qui, trouvant la table copieusement servie, met tout aussitôt ses pièces buccales en activité.

La chenille en ressent d'abord un vague malaise. Mais comme, en général, malgré l'ennemi qu'elle porte dans ses flancs, elle continue de manger, de se développer, jusqu'au moment de sa transformation en chrysalide, on suppose que la larve étrangère se contente de ronger les parties graisseuses du corps de son hôte, en s'abstenant prudemment de toucher aux organes essentiels.

Au moment de la nymphose, les choses changent de face ; la larve de l'ichneumon fait périr la chenille, et s'abrite à la fois dans sa peau et dans son cocon pour opérer sa propre transformation. Il est difficile d'être plus ingrat.

Les ichneumons de taille assez grande ne confient ordinairement qu'un œuf à la même chenille, parce qu'il faut que la jeune larve qui doit en sortir trouve ample pâture. Mais les petites espèces, en particulier les braconides, n'ont pas le même scrupule ; et il arrive souvent qu'une seule larve de papillon en nourrisse toute une colonie.

Quand les petits parasites se sentent aptes à se transformer, ils percent sans remords l'épiderme de la malheureuse bête qui leur a fourni à la fois la table et le logement, et par les ouvertures ainsi faites ils sortent, légion grouillante et remuante.

Chacun des petits vers se tisse alors une coque jaune ou blanche, à l'intérieur de laquelle il se métamorphosera tranquillement. Tout le monde connaît les cocons jaunes du *microgaster glomerus,* qui forment de petits coussinets moelleux sous les chenilles mortes de la piéride du chou.

Quelques espèces de ces braconides, qui s'appellent

pour cela des *aphidius*, s'attaquent aux pucerons, vengeant ainsi les plantes des blessures que leur fait le
bec de ces minuscules suceurs.

Dès que les aphidius se montrent auprès des pucerons,
ceux-ci sont en proie à une véritable panique. Cramponnés
à la feuille ou à la tige par leurs pattes de devant, ils
relèvent leurs quatre autres pattes en des mouvements

Fig. 20. — Larves de braconide sortant d'une chenille aux dépens de laquelle
elles se sont nourries.

défensifs combinés avec l'agitation de l'abdomen dans
le but d'opposer à la tarière de l'ennemi une surface
qui se dérobe.

Mais cet ennemi est rusé ; et le puceron est trop mal
outillé pour se défendre. Malgré ses efforts, toute son
agitation ne lui évite pas le coup d'aiguillon, ni l'œuf fatal
qu'il doit nourrir de sa substance.

Cet œuf pénètre sous son épiderme, éclôt, se développe ;
l'aphidius qui y a pris naissance étend ses ailes et s'envole,
et de l'infortuné puceron il ne reste plus qu'un cadavre
desséché, un squelette vide, percé d'un trou.

Il y a de menus chalcidites dont la taille est si exiguë qu'ils trouvent le moyen de loger leurs larves dans les œufs d'autres insectes.

On aurait tort de croire que ces brigands audacieux, si bien armés qu'aucune résistance n'est possible à leurs victimes, accomplissent impunément leurs méfaits, sans que parfois le châtiment ne se rencontre sur leur route.

Beaucoup de leurs espèces, punies ainsi par où elles pèchent, deviennent à leur tour les victimes de parasites du second degré, qui déposent leurs œufs dans leurs larves. Et on cite à ce propos un cas curieux, qui peut-être est unique.

Ratzeburg avait recueilli en automne un certain nombre de cocons du lophyre des pins, hyménoptère dont la larve, semblable à une chenille, se nourrit des feuilles des conifères. Vers la fin d'avril, l'année suivante, se montrèrent sur ces cocons de petits ichneumonides de l'espèce *hemiteles arator*.

Les deux cocons qui leur avaient donné naissance furent soumis à un examen minutieux, et on y trouva avec surprise, d'abord l'habitant normal, le lophyre, dont les ailes n'étaient pas complètement développées, puis un phygadeuon (ichneumon) tout prêt à prendre son essor.

Pour expliquer un cas de double parasitisme aussi extraordinaire, il faut supposer que la larve du lophyre a été piquée à une époque de son développement déjà assez avancée pour que sa métamorphose ne fût pas complètement entravée, et que le même fait s'est produit au moment où l'hemiteles a confié son œuf à la larve du phygadeuon.

Quelques espèces à longue tarière se servent de ce merveilleux outil pour aller déposer leurs œufs sous l'épiderme de larves qui habitent les troncs ou les branches des arbres, et y creusent des galeries. La *rhyssa*

Fig. 21. — La Rhyssa persuasive, cherchant une larve sous l'écorce.

persuasoria, par exemple, peut enfoncer son stylet, dans le bois un peu tendre, jusqu'à six centimètres de profondeur.

« En voulant enjamber une masse de troncs de sapins écorcés qui étaient dégringolés de la montagne, sur le chemin de la chapelle de Guillaume Tell, écrit encore Taschenberg, je fus arrêté par un essaim de ces hyménoptères qui s'y trouvaient réunis. L'un d'eux s'était implanté dans le bois aussi profondément qu'il avait pu ; je le saisis et je cherchai, avec beaucoup de prudence et avec une certaine vigueur, à retirer sa tarière sans endommager les autres parties de son corps. Je ne pus réussir ; les derniers anneaux abdominaux se déchirèrent avant que la tarière eût apparu dans son entier, et les mouvements musculaires continuèrent encore quelque temps dans les segments déchirés. »

On se demande véritablement comment un insecte grêle peut avoir assez de force pour faire pénétrer dans le bois un organe si délicat, et cela à différentes reprises, car sa tâche n'est pas remplie pour avoir pondu un seul œuf.

Le fait, si extraordinaire et si intéressant par lui-même,

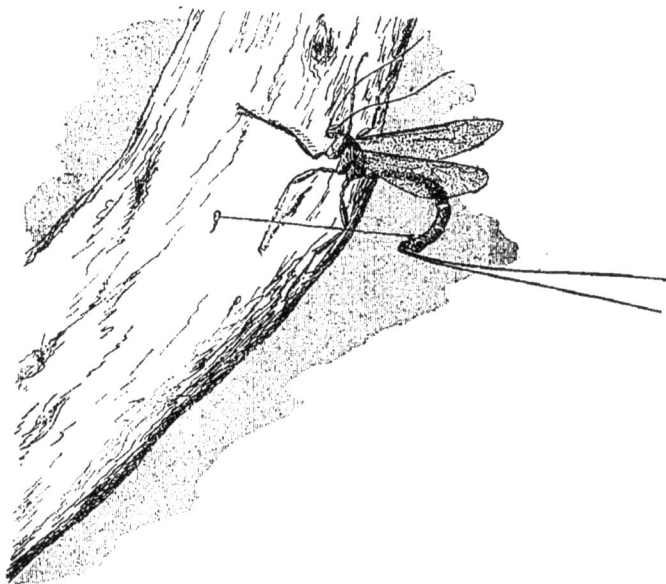

Fig. 22. — Ephialtes déposant un œuf dans une larve qui se trouve à l'intérieur d'une branche.

devient encore plus merveilleux lorsqu'on considère quelle sûreté d'instinct il faut à cette mère pour savoir qu'il y a, en cet endroit où elle veut faire pénétrer sa tarière, une larve capable de nourrir sa postérité, — et, de plus, que cette larve est encore indemne, et n'héberge point un autre œuf parasite.

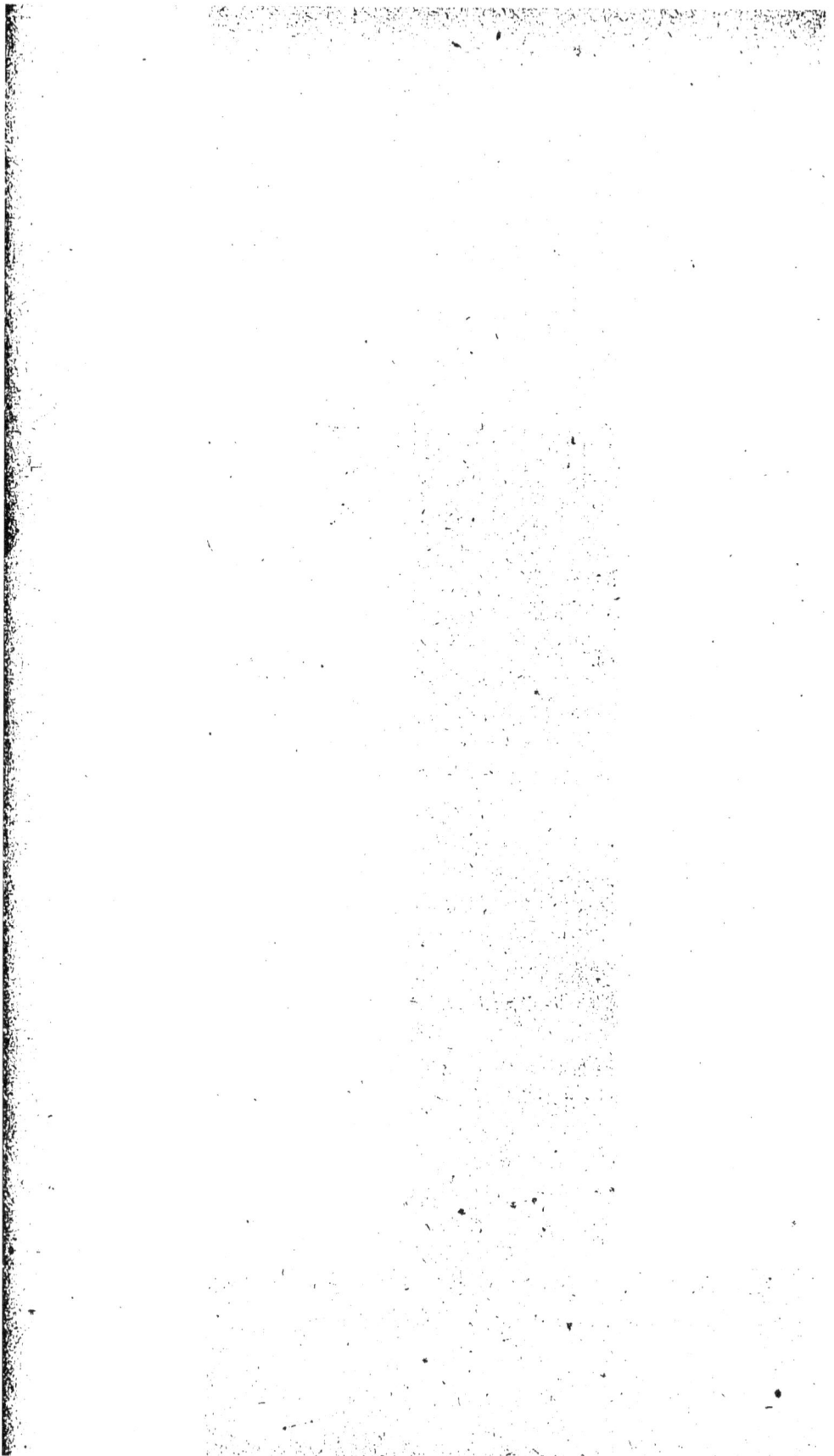

IV

LES MANGEURS DE CADAVRES

Les combinaisons des éléments matériels dans les corps vivants sont éminemment instables. Pendant la vie, l'échange des molécules entre ces corps et leur milieu est perpétuel, et se fait surtout par les divers phénomènes qui constituent l'acte de la nutrition ; la substance se renouvelle constamment. Après la mort, le cadavre, que ce soit celui d'un homme ou celui d'un arbre, subit l'injure de la décomposition, et, tôt ou tard, la putréfaction, hideux phénomène chimique, rend à l'atmosphère ses éléments qui vont ailleurs former d'autres combinaisons, d'autres corps.

Savez-vous à combien d'êtres différents ont appartenu les molécules qui vous constituent, cher lecteur, et combien de fois la mort a dû vaincre la vie pour amener dans vos artères un seul des globules de ce sang qui bat sous votre tempe ?

Rien ne se perd dans la nature. Les forces chimiques suffiraient à la destruction et à la reconstitution des corps avec la même somme constante de matière.

Elles n'agissent cependant pas seules, et elles sont puissamment aidées par des auxiliaires presque toujours inconscients de leur rôle, mais qui, instinctivement ou par une destination à laquelle ils ne peuvent se soustraire, hâtent le travail de ces forces en le divisant, en préparant au moins la première désorganisation.

4

Tels sont, par exemple, les champignons dont les filaments, en se multipliant, en s'entrecroisant, désagrègent, réduisent en poussière molle le bois le plus résistant; les invisibles microbes qui pullulent dans les eaux putrides; les innombrables larves pondues sur les cadavres par les mouches ignobles; les coléoptères qui déposent leurs œufs dans les animaux morts, ou dans les déjections des animaux vivants.

Ces nettoyeurs affectent les formes les plus diverses, et la série des insectes en contient de nombreuses espèces.

Nous les passerons rapidement en revue, et certes, elles ont droit à une mention spéciale, car rien n'est intéressant et de nature à élever l'âme comme l'étude des mœurs, de l'instinct, on pourrait presque dire de l'intelligence de ces infimes bestioles, si petites, si humbles, mais qui ont un rôle si important à jouer dans l'économie de la nature.

Les vers du tombeau ne sont pas une métaphore comme le ver rongeur du remords. Ce sont des larves de mouches ou de scarabées, qui ont une existence très réelle, qui sont cataloguées, qui ont un nom spécial, et qui offrent des goûts très variés.

Les unes préfèrent les parties molles, la chair; les autres ne s'attaquent qu'à la graisse; d'autres encore ne peuvent digérer tout ce qui n'est pas tendons ou peau.

Dans le repas funèbre, chaque espèce a sa part, toujours la même et qui ne saurait varier; chacune arrive à son tour, quand celle qui la précédait immédiatement a terminé son œuvre; la succession des services se fait avec une régularité parfaite, comme dans un banquet bien ordonné.

Les belles recherches de M. Mégnin sur la faune des cadavres ont mis en lumière l'importance que peut prendre, en médecine légale, lorsqu'il s'agit par exemple de reconnaître à combien de temps remonte la mort d'une personne assassinée, la connaissance des préférences des insectes nécrophages dont les espèces se succèdent à mesure que s'accomplit l'œuvre de désorganisation.

Aussitôt après la mort, le cadavre devient la proie de grosses mouches appartenant aux genres *sarcophaga*, *lucilia*, qui viennent pondre leurs œufs à la surface. De ces œufs sortent des larves semblables à des vers,

Fig. 23. — La Mouche bleue de la viande, qui dépose ses larves sur les cadavres.

qui suffisent à absorber les humeurs et les matières semi-liquides.

Ces larves, connues généralement sous le nom hideux d'*asticots*, se développent très rapidement ; chaque génération demande environ deux mois pour accomplir ses métamorphoses. Elles sont aidées dans leur travail par de gros coléoptères appartenant à la famille des silphides.

Après les diptères et les nécrophores, dont le lugubre

office dure pendant toute la première année jusqu'à l'hiver, viennent les dermestes, qui font disparaître, en l'espace de quelques mois, toutes les matières grasses. C'est ensuite le tour des anthrènes, lesquels s'attaquent aux parties sèches.

Si l'examen d'un cadavre décèle la présence d'une petite quantité de dépouilles de diptères, la mort remonte à moins d'un an, et, de plus, elle n'a eu lieu que vers la fin de l'été ; si les coques de mouches sont nombreuses, mais sans aucune trace de dermestes, la mort a eu lieu vers le printemps précédent ; si, en outre, on trouve en abondance des dépouilles de dermestes et d'anthrènes, la mort remonte à deux ans.

On le voit, les faits scientifiques en apparence les plus isolés, les plus théoriques, trouvent toujours une application pratique, pour quiconque sait en extraire les déductions qu'ils comportent.

Les insectes nécrophiles, c'est-à-dire amis des morts (pour les manger), paraissent doués d'un très subtil odorat.

Les premières émanations de la putréfaction les attirent en foule, et, dès qu'un cadavre commence à se désorganiser, on les voit arriver en troupe, les uns volant et bourdonnant, les autres se hâtant de toute la vélocité de leurs pattes grêles.

Le siège de cet odorat très sensible paraît résider aux antennes ; en tout cas, il est digne de remarque que la plupart des coléoptères qui recherchent les matières en décomposition ont les antennes ou renflées vers l'extrémité, ou terminées par un bouton, ou dilatées brusquement en massue, ou encore divisées en feuillets parallèles.

Il y a là vraisemblablement une relation de cause à effet, d'autant plus que, dans la même famille, le caractère antennaire varie parfois avec les habitudes : ainsi, chez les staphylins. Les espèces de ce groupe qui vivent de proie ont, pour la plupart, les antennes filiformes ; *il en est*

de même de tous les carabiques, insectes chasseurs chez
lesquels la vue semble l'emporter sur l'odorat.

Les plus connus des silphides, les coléoptères nécrophages par excellence, sont les *nécrophores* et les *silphes*.
Les premiers se rencontrent surtout dans les cadavres
des petits animaux.

Aussitôt que, la mort ayant fait son œuvre, la putréfaction commencée laisse se dégager des gaz odorants,

Fig. 24. — Nécrophore se disposant à enterrer un cadavre de mulot.

les nécrophores, prévenus par leur subtile sensibilité
olfactive, arrivent en volant.

S'ils se trouvent en quantité insuffisante, ils se disper-
sent de tous côtés, en quête d'auxiliaires, et ramènent
bientôt, pour prendre part aux singulières funérailles qui
vont se célébrer, une troupe d'ardents travailleurs.

Tous, avec leurs larges pattes antérieures, fonctionnant
comme des bêches, se mettent à creuser la terre autour et
au-dessous du petit cadavre qui, peu à peu, s'enfonce
dans le sol, quelquefois jusqu'à une profondeur de trente
centimètres.

Ce labeur accompli, et il ne demande pas ordinairement plus de vingt-quatre heures, chaque ouvrier prend une part de la proie, et, le repas terminé, les mères déposent leurs œufs dans le cadavre.

De ces œufs il sort, au bout de quelque temps, des larves grises, à douze anneaux, allongées, avec le dos écailleux et les pattes très courtes. Quand elles ont atteint leur complet développement, elles quittent le cadavre, pénètrent plus profondément en terre, et se façonnent une coque ovale, dure, au sein de laquelle s'opère la nymphose. L'adulte éclôt de la nymphe au bout de deux à quatre semaines.

Les nécrophores peuvent se répartir, au point de vue de la coloration, en deux groupes distincts : les uns ont les élytres entièrement noirs ; les autres sont roux avec des bandes noires dentées, transversales.

Ces insectes, à l'instinct si curieux, ne sont pas dépourvus d'intelligence, et Gleditsch cite, à leur propos, un fait intéressant. Un crapaud mort, qu'on voulait sécher au soleil, avait été fiché en l'air au bout d'une petite baguette.

Les nécrophores, attirés par les émanations putrides, arrivèrent avec l'intention bien arrêtée de profiter de l'aubaine. Mais comment approcher du cadavre ? La difficulté fut tournée d'une manière bien simple : les bestioles creusèrent la terre au-dessous de la baguette, firent tomber celle-ci avec le crapaud, et ensevelirent le tout.

Le *nécrophore germanique* a des habitudes presque exclusivement nocturnes ; il n'enfouit pas les cadavres, qui, en peu de temps, disparaissent sous ses noires légions. Il se glisse souvent dans les excréments des herbivores, pour y mettre en pièces les *aphodies* et les *géotrupes* qui les habitent.

Quelques espèces préfèrent les champignons aux cadavres. Dans le nord, d'ailleurs, les mœurs de la plupart des nécrophores se modifient, probablement à cause de la rareté des petits mammifères dont ils font d'ordinaire leur pâture, et ils se rencontrent en grand nombre dans les matières stercorales.

On se contente de ce qu'on a : nous nous rappelons avoir lu quelque part que, dans certaines contrées boréales, on nourrit les vaches avec des poissons secs.

Les *silphes* sont presque toujours de couleur sombre ou noire, larges, plats, en forme de boucliers. Ils vivent

Fig. 25. — Silphe attiré par les émanations qui se dégagent d'un escargot mort.

parmi les cadavres, quelquefois dans les gros champignons qui ont subi les premières atteintes de la décomposition ; quelques-uns font la guerre aux chenilles ; d'autres ont un goût prononcé pour les escargots morts.

Ils n'enterrent pas les cadavres, sont en général d'humeur peu belliqueuse, se sauvent au danger, et, quand on les saisit, au lieu de chercher à mordre comme les nécrophores, laissent écouler par la bouche et par l'anus un liquide infect.

Les diptères qui partagent pour la chair en voie de décomposition le goût des nécrophores appartiennent à la famille des muscides, et s'approchent tous plus ou

moins, dans leurs caractères extérieurs, du type représenté par les deux espèces bien connues qu'on désigne
communément sous les noms de *mouche dorée* (*lucilia
cæsar*) et de *mouche bleue de la viande* (*calliphora
vomitoria*).

Ces mouches sont attirées de loin par l'odeur des
matières animales ou végétales qui commencent à se
putréfier, et elles viennent y déposer les unes leurs œufs,
les autres de petites larves qui naissent ainsi complètement formées, et n'ayant plus qu'à se développer.

Dans un cas comme dans l'autre, l'évolution des jeunes
insectes se fait très rapidement; l'éclosion des œufs a lieu
généralement le premier jour, et n'exige même que quelques heures, lorsque les conditions atmosphériques, chaleur, humidité, sont particulièrement favorables.

De ces œufs sortent, ainsi que nous l'avons dit plus
haut, des vers rampants, hideux, répugnants, et formant
un violent contraste avec les élégants et gracieux insectes
dont ils représentent la première condition, le berceau.

On a cru longtemps que ces vers étaient directement
engendrés par la corruption, et que la légion grouillante
prenait naissance dans cette chair qu'elle laboure de ses
sillons. Il y a même des poètes qui ont fait de jolis vers
sur cette éclosion merveilleuse d'êtres vivants sortant des
entrailles d'une bête morte. Aujourd'hui on sait qu'ils pro-
viennent d'une mouche, et que chacun d'eux est destiné à
produire une mouche.

Les larves des muscides manifestent une tendance très
caractérisée à pénétrer à l'intérieur de la substance qui
doit les nourrir et elles y creusent rapidement de profondes galeries.

Un observateur, ayant déposé sur un poisson une
mouche à viande qui y pondit ses œufs, reconnut que les
larves avaient doublé de taille deux jours après l'éclosion;
elles étaient encore bien petites cependant, puisqu'il en
fallait de vingt-cinq à trente pour faire le poids d'un grain.
En revanche, le troisième jour, chacune d'elles pesait sept

grains. Dans l'espace de vingt-quatre heures, leur poids s'était donc accru deux cents fois.

Quand la larve est prête à se métamorphoser en nymphe, elle gagne ordinairement la terre; et c'est là seulement qu'elle passe à son aise cette période critique.

Les mouches sarcophages ne se contentent pas toujours de pondre leurs œufs sur la chair en voie de décomposition; elles confient parfois leurs larves à la chair encore vive des animaux, de l'homme lui-même, et ces larves, en se développant, en pénétrant sous l'épiderme, en rongeant les tissus, provoquent une affreuse maladie, qu'on a désignée sous le nom de myiasis, c'est-à-dire mal des mouches.

Il est difficile de concevoir rien de plus horrible que cette putréfaction anticipée, qui développe, dans les chairs de l'homme vivant, des légions grouillantes de vers immondes, qui couvre le corps de plaies, où le sang, corrompu par la bave empoisonnée découlant de ces larves, se change en pus fétide.

Job, sur son fumier, raclant avec un morceau brisé d'un pot de terre la pourriture qui sortait de son corps, n'offre-t-il pas à l'esprit épouvanté le spectacle du plus hideux supplice que l'on puisse imaginer?

Les cas historiques de Job et d'Hérode, dévorés vivants par les vers, sont malheureusement loin d'être les seuls exemples que l'on connaisse de cette redoutable affection parasitaire, et nous sommes tous exposés à en subir les atteintes; il suffit pour cela d'une circonstance malheureuse nous condamnant pour quelques heures à l'immobilité, et du caprice d'une mouche venant indiscrètement pondre à la surface de notre corps.

Les ouvrages spéciaux relatent de nombreux accidents dus à la présence, dans les plaies, de larves de mouches qui viennent entraver la guérison, causent aux blessés d'intolérables démangeaisons et parfois déterminent des complications fatales. Ces accidents sont surtout à redouter pendant les grandes chaleurs de l'été et dans les agglomérations nombreuses d'hommes malades.

Un cas de myiasis, devenu classique, a été observé en 1827, par le Dr Jules Cloquet, dans son service à l'hôpital Saint-Louis.

Un chiffonnier malpropre, âgé de soixante-cinq ans, ayant bu plus que de raison, se couche au bas de Montmartre, dans un fossé, près d'un trou où l'on jette les animaux morts du quartier.

Il s'y endort, et, tandis qu'il cuve son vin, attirées par l'odeur qui s'exhale de son corps, des mouches viennent déposer leurs larves sous ses paupières, dans ses narines, dans ses oreilles. Il reste endormi pendant trente-six heures.

A son réveil, des vers labourent en tous sens les muscles de la face. On le relève, et on le transporte à l'hôpital, dans un état pitoyable, les yeux complètement rongés, le nez, les oreilles, la peau du crâne criblés de trous par lesquels sortent des légions d'asticots, dont on remplit plusieurs assiettes.

Le Dr Cloquet, reconnaissant que ses efforts pour extraire tous les vers étaient inutiles, parce qu'il était impossible de les atteindre partout, le globe de l'œil luimême en étant rempli, prescrivit des frictions à l'onguent mercuriel.

Ce remède eut un plein succès au point de vue de la destruction des vers, et le malade dont les plaies paraissaient en bonne voie de guérison, allait être présenté à l'Académie de médecine, lorsqu'une fièvre cérébrale, provoquée par l'inflammation du cuir chevelu, vint l'emporter.

A l'autopsie, on trouva, outre les lésions dues aux cavités pleines de pus déterminées par la présence des larves, une altération du périoste, qui était en partie détruit et décollé sur presque toute son étendue ; les trois enveloppes du cerveau présentaient des traces d'inflammation. Fait très remarquable : tous les ravages accomplis par les vers n'avaient pas amené l'écoulement d'une seule goutte de sang.

Voici encore un cas de myiasis, observé en Angleterre, qui paraît bien authentique et qui n'est pas moins répugnant que celui que nous venons de rapporter.

Il date de 1869 : la victime fut un mendiant du Lincolnshire, qui aimait mieux vagabonder que de travailler dans l'atelier de sa paroisse, et vivait d'aumônes recueillies çà et là, ces aumônes consistant surtout en morceaux de pain et de viande.

Ce mendiant avait l'habitude, quand il était rassasié, de serrer ses restes, pain et viande, contre sa poitrine, entre sa chemise et sa peau.

Un jour, il se trouva indisposé, et se coucha sur une route, en pleine campagne ; des mouches vinrent pondre sur la viande qu'il portait sur sa poitrine, et, sous l'action d'un ardent soleil de juin, l'éclosion des œufs se fit rapidement ; les larves attaquèrent d'abord la viande, puis, de là, se répandirent dans les muscles de la poitrine.

Des passants charitables relevèrent l'infortuné mendiant, le débarrassèrent autant qu'il fut possible de la vermine grouillante, le transportèrent dans une maison et firent venir un médecin. Mais le malheureux ne survécut au pansement que quelques heures.

Comme il est assez vraisemblable qu'il n'était pas demeuré plusieurs jours étendu sur une route, on a pensé que les mouches qui l'avaient attaqué appartenaient à quelque *sarcophaga*, genre dont les espèces sont vivipares.

Un certain nombre de mouches peuvent être rendues responsables des cas de myiasis observés dans l'espèce humaine.

En Amérique, la plus grande partie des observations se rapportent au parasitisme de plusieurs *lucilia*, et en particulier de la *L. macellaria*. Cette mouche est répandue depuis la République Argentine jusqu'au Canada. Elle

mesure neuf à dix millimètres de long, et se reconnaît,
dans les types bien caractérisés, à son thorax marqué en
long de trois lignes noires, et à ses pattes noires.

Ses larves sont nommées en Amérique *screw-worms,*
c'est-à-dire *vers-vis,* parce que les anneaux de leur corps
ont des replis qui simulent le filet d'une vis. Leurs méfaits
ont été dûment constatés, par des savants autorisés, à la
Guyane, au Mexique, au Pérou, au Vénézuéla.

Un des cas les mieux étudiés est celui rapporté par le
Dr J.-B. Brilton, de Mapleton, dans le sud-est du Kansas,
et dont voici les traits principaux :

Dans la soirée du 24 août 1882, le malade observé se

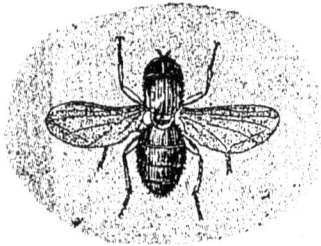

Fig. 26. — La Mouche hominivore
(Lucilia macellaria).

Fig. 27. — Larve de la mouche
hominivore.

plaignit d'une sensation douloureuse particulière à la base
du nez et dans les orbites ; cette sensation fut d'abord
suivie d'un éternuement désordonné et plus tard d'une
douleur très violente sur toute l'étendue de l'os frontal et
du maxillaire gauche supérieur.

Le patient souffrait en outre d'un catarrhe nasal d'une
nature grave, consistant en un écoulement jaunâtre mêlé
de sang et répandant une odeur fétide parfois intolérable.
Une suppuration abondante, qui dura trois jours et fournit
environ cinq cents grammes de matières purulentes,
s'opéra par les narines et la bouche, et vint mettre fin aux
douleurs.

Mais en revanche la fièvre augmenta et devint, pendant
douze heures, un véritable délire ; le malade ne pouvait

plus parler, et avalait avec une extrême difficulté, ce qui fit penser à la destruction du voile du palais.

Vers cette époque, un ver semblable à un asticot tomba de son nez, et ce fut là le premier indice de la nature parasitaire de l'affection dont il souffrait. On ne put constater ni gonflement ni mouvements sous la peau; mais, sans aucune peine pour le malade, de nombreux vers suivirent le premier, sortant par la bouche et les narines; ils continuèrent à tomber pendant quarante-huit heures.

Toutefois, il fut impossible de les atteindre et même de les découvrir dans les tissus, car les parties molles du palais étaient détruites en de nombreux endroits, de telle manière que la muqueuse, criblée de trous, présentait l'aspect d'un gâteau de miel. Le malade rendit plus de trois cents vers; il survécut quatre jours à l'expulsion du dernier.

Après la mort, il fut constaté que tout le tissu couvrant les vertèbres du cou était entièrement détruit; aussi loin qu'on pouvait voir dans la bouche, les vertèbres étaient à découvert; les os du nez, détachés, n'étaient maintenus en place que par la peau; les os du palais cédaient, se brisaient à la moindre pression du doigt.

Cinq des vers rendus furent placés dans de la terre sèche, et quatorze jours après donnèrent trois éclosions de mouches, qui appartenaient à l'espèce *lucilia macellaria*.

Les cas de myiasis sont peut-être moins nombreux et moins sujets à des complications fatales dans nos régions que dans les climats exotiques; ils y sont cependant encore très communs. Les exemples les plus ordinaires en sont fournis par la *sarcophila wohlfarti*, espèce qui habite une grande partie de l'Europe, et cause, notamment en Russie, des ravages appréciables.

D'après les observations qui ont été faites dans le gouvernement de Mohilew, cette mouche, qui habite exclusivement les champs et ne se rencontre jamais dans les maisons, est nuisible aussi bien aux animaux qu'aux hommes.

Elle s'attaque aux bœufs, aux chevaux, aux moutons, aux porcs, aux chiens, même aux oiseaux domestiques, en particulier aux oies, et certaines années l'infection des bestiaux par ses redoutables larves s'étend à la moitié ou même aux deux tiers des troupeaux. La moindre plaie est envahie par les vers; ils se plaisent surtout dans les replis de la peau, affectionnent la région ventrale des vaches et les oreilles des chiens.

Dans l'espèce humaine, la sarcophile attaque très souvent les jeunes enfants jusqu'à l'âge d'environ treize ans; elle est moins fréquente ensuite. Ses larves habitent les oreilles, le nez, même le palais, et leurs ravages provoquent d'intenses douleurs et déterminent parfois d'abondantes hémorrhagies qui laissent les malades dans un état de faiblesse extrême.

Elles peuvent aussi causer des blessures regrettables, et auxquelles il n'est plus possible, par la suite, de remédier : c'est ainsi que, développées dans l'oreille, elles traversent parfois le tympan, et déterminent une surdité incurable. Il est facile de se rendre compte des dégâts qu'elles causent lorsqu'elles sont pondues dans les yeux.

Dans le gouvernement de Mohilew, la myiasis est connue de presque tous les paysans, et il est bien peu de personnes qui n'aient eu à en souffrir. Les larves incriminées ont constamment donné naissance à la *sarcophila wohlfarti*. Cette mouche se rencontre aussi bien en France; mais on n'a guère signalé jusqu'à ce jour sa présence dans les plaies; il est probable cependant qu'elle a à son actif autant de méfaits dans notre pays qu'en Russie, et que sa réputation d'innocence vient de ce qu'on a confondu ses larves avec celles d'autres mouches voisines, par exemple la mouche verte et la grosse mouche bleue de la viande.

Toutes les espèces, en effet, qui ont l'instinct de pondre sur des substances animales, peuvent être accusées de ne pas épargner, accidentellement, l'homme et les animaux vivants, et il n'est pas facile de les distinguer les unes des autres à l'état larvaire.

Notre mouche domestique, si insupportable, qui prend un si malin plaisir à nous tourmenter, à nous harceler, pond ses œufs dans le fumier, et le goût de ses larves contredit toute accusation de parasitisme.

A ce point de vue, elle mérite grâce. Il est vrai qu'elle fait assez déjà pour s'attirer notre antipathie, en s'ingéniant à trouver le bout de notre patience, et en nous forçant à faire, pour délivrer notre nez de son contact obstiné, des gestes de forcené, dont elle rit, la perfide bestiole !

Mais ses parentes, les lucilies et les calliphores, sont plus à craindre.

La plus connue des lucilies est *L. cæsar*, longue de huit millimètres, d'un beau vert doré, avec les côtés du front blancs et les pattes noires.

Quant à la calliphore de la viande, tout le monde connaît cette grosse mouche à l'abdomen bleu, qui bourdonne avec force, et, entrée dans nos appartements, se jette violemment contre les vitres, comme si elle voulait les transpercer de sa tête. Tout le monde connaît aussi ses œufs pondus par tas sur la viande, et en forme de cylindres allongés, courbés, arrondis aux extrémités.

Quelques lucilies ne paraissent pas rechercher exclusivement, pour leur confier leurs larves, les animaux à sang chaud ; une espèce entre autres, *L. bufonivora*, pond sur la face des crapauds vivants, et les vers qui sortent de ses œufs dévorent les yeux, les joues, les lèvres de ces animaux.

On a signalé chez la mouche bleue de la viande une erreur de l'instinct très digne de fixer l'attention. Trompée par l'odeur qui s'en dégage, elle vient quelquefois pondre sur les fleurs de certains arum, qui, on le sait, ne le cèdent en rien pour la fétidité à la chair en putréfaction.

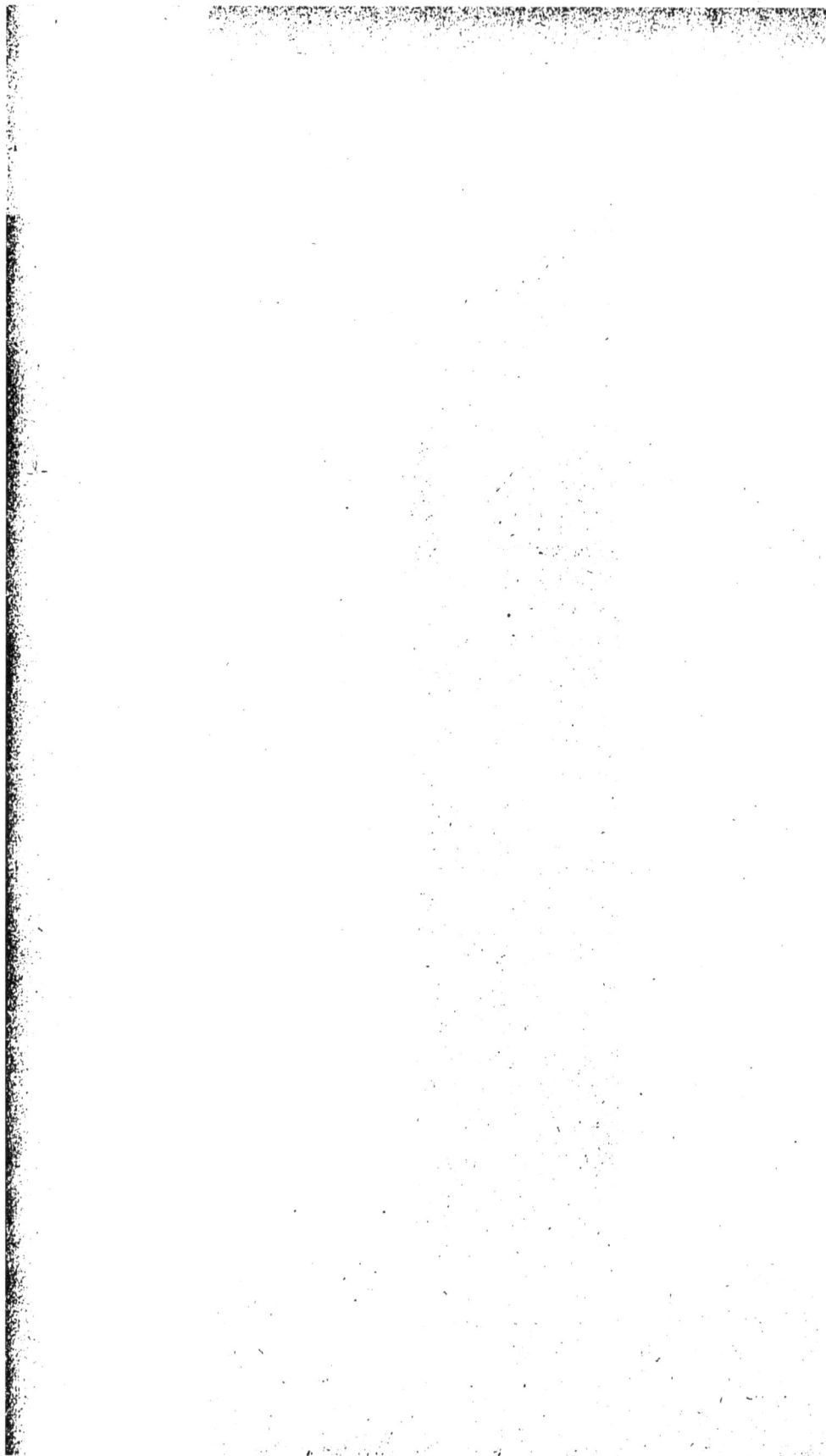

V

LES STERCORAIRES

Les lamellicornes, auxquels appartiennent les coléoptères stercoraires dont nous allons nous occuper, se
reconnaissent à première vue et très facilement à la forme
constante de leurs antennes, qui sont coudées, et dont les
derniers articles s'étalent en lames parallèles mobiles. En
dépit de ce caractère commun toujours réalisé, il y a dans
ce groupe des différences bien tranchées au point de vue
des instincts et des mœurs.

Tandis qu'un certain nombre d'espèces recherchent de
préférence les matières en décomposition, les excréments,
d'autres se plaisent sur les feuilles ou les fleurs. Mulsant
a tracé le tableau de ces différences dans des pages imagées dont voici quelques extraits :

« Arrivés à leur état complet de liberté dans la dernière
période de leur existence, les lamellicornes ont des destinées bien différentes : ils semblent reproduire le tableau
bigarré de l'inégalité des rangs dans la société humaine.
Les uns, comme des parias, incapables de s'élever au-dessus de la condition obscure dans laquelle ils ont passé
leurs premiers jours, restent condamnés jusqu'à la fin de
leur vie aux fonctions les plus dégoûtantes; analogues, au
contraire, à nos heureux du siècle, ceux qui occupent
l'extrémité opposée de cette échelle sociale, après avoir
échappé aux misères communes au jeune âge, se trouvent
parés de vêtements somptueux et n'ont plus qu'à jouir, au
sein des fleurs, de toutes les délices que la terre peut leur
offrir.

5

« L'inspection de la robe des insectes de cette tribu suffit généralement pour révéler leur condition. Les oryctes et les rhizotrogues, condamnés à une vie en partie cachée, sont rougeâtres comme la terre qui leur sert d'asile ; les coprophages, voués aux travaux les plus vils, portent presque tous les couleurs lugubres adoptées par la douleur. Les espèces crépusculaires ou nocturnes ont aussi communément des teintes obscures comme les ombres ou noires comme les ténèbres. Celles, au contraire, qui vivent à la lumière, celles surtout pour lesquelles les fleurs ouvrent tous les trésors de leur sein, ont reçu pour leur faire la cour un véritable habit de conquête : les unes portent un corselet revêtu de velours ; les autres ont des élytres garnis d'écailles colorées ; la cuirasse de plusieurs est encadrée dans du jais ou parée de dessins variés ; celle des autres brille d'une richesse toute métallique ; là, c'est le cuivre avec toutes ses nuances ; ici, l'argent est uni à l'azur le plus tendre ; ailleurs, c'est l'or avec son poli et son éclat. »

Au premier rang des scarabées coprophiles, c'est-à-dire amis des excréments, il faut placer, pour la perfection de leur instinct, les pilulaires, qui roulent en boules la fiente des animaux. Ce sont leurs pattes postérieures qui leur servent pour accomplir leur office ; ils ont un chaperon tranchant en avant, qui leur sert à diviser les matières stercorales, à élaguer les parties non nutritives, les pailles que la digestion n'a pas décomposées.

A l'aide de leurs pattes, ils façonnent des pelotes d'abord humides et grossières qu'ils roulent de manière à leur donner une forme parfaitement sphérique et à agglutiner à la surface, comme une enveloppe protectrice, des particules terreuses. Cela fait, le scarabée prend la boule entre les éperons de ses pattes postérieures, et marchant à reculons avec ses quatre pattes antérieures, il l'amène au bord du trou qu'il a creusé d'avance pour la recevoir, et l'y fait tomber.

Ordinairement, deux individus s'aident mutuellement

Fig. 28. — Inégalité des conditions chez les Scarabées : Cétoine, Trichie et Géotrupe.

dans ce travail, l'un tirant la boule avec ses pattes de devant, l'autre la poussant avec ses pattes de derrière. Les scarabées pilulaires sont, paraît-il, collectivistes ; ils travaillent séparément à un but commun et ne se reconnaissent pas des droits absolus à la possession de la boule qu'ils confectionnent.

Si, par maladresse, cette boule leur échappe et se trouve confisquée par un autre individu, aucune querelle ne s'ensuit.

Au contraire, ils témoignent des sentiments de solidarité qui les rendent ingénieux et qui prouvent de leur part une réelle intelligence. Si une boule est trop grosse et résiste aux efforts de son propriétaire, un ami complaisant vient l'aider, monte sur la pelote et provoque sa rotation en l'entraînant par le poids de son corps. Si la boule tombe dans un trou, les voisins viennent prêter main forte pour l'en retirer.

Du moins, c'est là l'opinion courante, contre laquelle M. Fabre croit pouvoir s'inscrire en faux. Ses observations si habiles et si patientes lui permettent d'affirmer qu'un certain nombre des assertions ordinairement admises, relativement aux mœurs des bousiers, relèvent plutôt du domaine de la légende. Nos lecteurs nous sauront gré de reproduire ici quelques-unes des pages où le sagace investigateur fait le procès de ces erreurs, et décrit les habitudes des pilulaires telles qu'il les a vues, lui qui sait voir.

Voyons d'abord le bousier attelé à la rude tâche d'acheminer en lieu sûr sa boule, qu'il vient d'achever : « Et hardi ! ça va, ça roule ; on arrivera, non sans encombre cependant. Voici un premier pas difficile : le bousier s'achemine en travers d'un talus et la lourde masse tend à suivre la pente ; mais l'insecte, pour des motifs à lui connus, préfère croiser cette voie naturelle, projet audacieux dont l'insuccès dépend d'un faux pas, d'un grain de sable troublant l'équilibre. Le faux pas est fait, la boule roule au fond de la vallée ; l'insecte, culbuté par l'élan de la

charge, gigotte, se remet sur ses jambes et accourt s'at-
teler. La mécanique fonctionne de plus belle. — Mais prends
donc garde, étourdi ; suis le creux du vallon, qui t'épar-
gnera peine et mésaventure : le chemin y est bon, tout uni ;

Fig 29. — Scarabée sacré roulant sa pilule.

ta pilule y roulera sans effort. — Eh bien ! non : l'insecte
se propose de remonter le talus qui lui a été fatal. Peut-
être lui convient-il de regagner les hauteurs. A cela je
n'ai rien à dire ; l'opinion du scarabée est plus clairvoyante
que la mienne sur l'opportunité de se tenir en haut lieu. —
Prends au moins ce sentier qui, par une pente douce, te
conduira là haut. — Pas du tout ; s'il se trouve à proxi-

mité quelque talus bien raide, impossible à remonter, c'est celui-là que l'entêté préfère. Alors commence le travail de Sisyphe. La boule, fardeau énorme, est péniblement hissée, pas à pas, avec mille précautions, à une certaine hauteur, toujours à reculons. On se demande par quel miracle de statique une telle masse peut être retenue sur la pente. Oh ! un mouvement mal combiné met à néant tant de fatigue : la boule dévale entraînant avec elle le scarabée. L'escalade est reprise, bientôt suivie d'une nouvelle chute. La tentative recommence, mieux conduite cette fois aux passages difficiles ; une maudite racine de gramen, cause des précédentes culbutes, est prudemment tournée. Encore un peu, et nous y sommes ; mais doucement, tout doucement. La rampe est périlleuse et un rien peut tout compromettre. Voilà que la jambe glisse sur un gravier poli. La boule redescend pêle-mêle avec le bousier. Et celui-ci de recommencer avec une opiniâtreté que rien ne lasse. Dix fois, vingt fois, il tentera l'infructueuse escalade, jusqu'à ce que son obstination ait triomphé des obstacles, ou que, mieux avisé, et reconnaissant l'inutilité de ses efforts, il adopte le chemin en plaine. »

Généralement, nous l'avons dit, le scarabée ne travaille pas seul, mais s'adjoint un compagnon ; on avait vu, dans cette réunion d'efforts, dans cette communauté d'action, une association des deux sexes, et en quelque sorte le tableau d'un ménage bien assorti. Au nom de la vérité, M. Fabre détruit complètement cette légende idyllique.

Quel est le véritable rôle du complaisant camarade ? « C'est tout simplement tentative de rapt. L'empressé confrère, sous le fallacieux prétexte de donner un coup de main, nourrit le projet de détourner la boule à la première occasion. Faire sa pilule au tas demande fatigue et patience ; la piller quand elle est faite, ou du moins s'imposer comme convive, est bien plus commode. Si la vigilance du propriétaire fait défaut, on prendra la fuite avec le trésor ; si l'on est surveillé de trop près, on s'attable à

deux, alléguant les services rendus. Tout est profit en
pareille tactique ; aussi le pillage est-il exercé comme une
industrie des plus fructueuses. Les uns s'y prennent sournoisement, comme je viens de le dire ; ils accourent en
aide à un confrère qui nullement n'a besoin d'eux, et sous
les apparences d'un charitable concours, dissimulent de
très indélicates convoitises. D'autres, plus hardis peut-
être, plus confiants dans leur force, vont droit au but et
détroussent brutalement.

« ... Un scarabée s'en va, paisible, tout seul, roulant sa
boule, propriété légitime, acquise par un travail conscien-
cieux. Un autre survient au vol, je ne sais d'où, se laisse
lourdement choir, replie sous les élytres ses ailes enfu-
mées, et, du revers de ses brassards dentés, culbute le
propriétaire, impuissant à parer l'attaque dans sa posture
d'attelage. Pendant que l'exproprié se démène et se
remet sur jambes, l'autre se campe sur le haut de la
boule, position la plus favorable pour repousser l'assaillant. Les brassards pliés sous la poitrine et prêt à la
riposte, il attend les évènements. Le volé tourne autour
de la pelote, cherchant un point favorable pour tenter l'as-
saut ; le voleur pivote sur le dôme de la citadelle et constamment lui fait face. Si le premier se dresse pour l'escalade, le second lui détache un coup de bras qui l'étend sur
le dos. Inexpugnable du haut de son fort, l'assiégé déjoue-
rait indéfiniment les tentatives de son adversaire, si celui-
ci ne changeait de tactique pour rentrer en possession de
son bien. La sape joue pour faire crouler la citadelle avec
la garnison. La boule, inférieurement ébranlée, chancelle
et roule, entraînant avec elle le bousier pillard, qui s'escrime de son mieux pour se maintenir au-dessus. Il y
parvient, mais non toujours, par une gymnastique précipitée qui lui fait gagner en altitude ce que la rotation du
support lui fait perdre. S'il est mis à pied par un faux
mouvement, les chances s'égalisent et la lutte tourne au
pugilat. Voleur et volé se prennent corps à corps, poitrine
contre poitrine. Les pattes s'emmêlent et se démêlent, les

articulations s'enlacent, les armures de corne se choquent ou grincent avec un bruit aigre de métal limé. Puis, celui des deux qui parvient à renverser sur le dos son adversaire et à se dégager, à la hâte prend position sur le haut de la boule. Le siège recommence, tantôt par le pillard, tantôt par le pillé, suivant que l'ont décidé les chances de la lutte corps à corps. Le premier, hardi flibustier sans doute et coureur d'aventures, fréquemment a le dessus. Alors, après deux ou trois défaites, l'exproprié se lasse et revient au tas pour se confectionner une nouvelle pilule. Quant à l'autre, toute crainte de surprise dissipée, il s'attelle et pousse où bon lui semble la boule conquise. J'ai vu parfois survenir un troisième larron qui volait le voleur. En conscience, je n'en étais pas fâché. »

Quelquefois cependant le propriétaire accepte plus bénévolement l'aide proposée, et considère comme argent de bon aloi les protestations d'amitié du compagnon. Tous deux se mettent alors à rouler la boule, l'un poussant, l'autre tirant.

« Les efforts du couple ne sont pas toujours bien concordants, d'autant plus que l'aide tourne le dos au chemin à parcourir et que le propriétaire a la vue bornée par la charge. De là, des accidents réitérés, de grotesques culbutes dont on prend gaîment son parti : chacun se ramasse à la hâte et reprend position sans intervertir l'ordre. En plaine, ce mode de charroi ne répond pas à la dépense dynamique, faute de précision dans les mouvements combinés ; à lui seul, le scarabée de l'arrière ferait aussi vite et mieux. Aussi l'acolyte, après avoir donné des preuves de son bon vouloir, au risque de troubler le mécanisme, prend-il le parti de se tenir en repos, sans abandonner, bien entendu, la précieuse pelote qu'il regarde déjà comme sienne.

« Il ramasse donc ses jambes sous le ventre, s'aplatit, s'incruste pour ainsi dire sur la boule et fait corps avec elle. Le tout, pilule et bousier cramponné à sa surface, roule désormais en bloc sous la poussée du légitime pro-

priétaire. Que la charge lui passe sur le corps, qu'il occupe
le dessus, le dessous, le côté du fardeau roulant, peu lui
importe : l'aide tient bon et reste coi. Singulier auxiliaire,
qui se fait carrosser pour avoir sa part de vivres ! Mais
qu'une rampe ardue se présente, et le beau rôle lui revient.
Alors, sur la pente pénible, il se met en chef de file,
retenant de ses bras dentés la pesante masse, tandis que
son confrère prend appui pour hisser la charge un peu
plus haut. Ainsi, à deux, par une combinaison d'efforts bien
ménagés, celui d'en haut retenant, celui d'en bas poussant,
je les ai vus gravir des talus où, sans résultat, se serait
épuisé l'entêtement d'un seul. Mais tous n'ont pas le
même zèle en ces moments difficiles; il s'en trouve qui,
sur les pentes où leur concours serait le plus nécessaire,
n'ont pas l'air de se douter le moins du monde des diffi-
cultés à surmonter. Tandis que le malheureux sisyphe
s'épuise en tentatives pour franchir le mauvais pas,
l'autre, tranquillement, laisse faire, incrusté sur la boule,
avec elle roulant dans la dégringolade, avec elle hissé
derechef.

« J'ai soumis bien des fois deux associés à l'épreuve
suivante pour juger de leurs facultés inventives en un
grave embarras. Supposons-les en plaine, l'acolyte immobile sur la pelote, l'autre poussant. Avec une longue et
forte épingle, sans troubler l'attelage, je cloue au sol la
boule, qui s'arrête soudain. Le scarabée, non au courant
de mes perfidies, croit sans doute à quelque obstacle
naturel, ornière, racine de chiendent, caillou barrant le
chemin. Il redouble d'efforts, s'escrime de son mieux; rien
ne bouge. — Que se passe-t-il donc? allons voir. — Par
deux ou trois fois, l'insecte fait le tour de sa pilule. Ne
découvrant rien qui puisse motiver l'immobilité, il revient
à l'arrière et pousse de nouveau. La boule reste inébranlable. — Voyons là-haut. — L'insecte y monte. Il n'y
trouve que son collègue immobile, car j'avais eu soin d'enfoncer assez l'épingle pour que la tête disparût dans la
masse de la pelote; il explore tout le dôme et redescend.

D'autres poussées sont vigoureusement essayées en avant, sur les côtés ; l'insuccès est le même. Jamais bousier, sans doute, ne s'était trouvé en présence d'un pareil problème d'inertie.

« Voilà le moment, le vrai moment de réclamer de l'aide, chose d'autant plus aisée que le collègue est là, tout près, accroupi sur le dôme. Le scarabée va-t-il le secouer et lui dire quelque chose comme ceci : « Que fais-tu là, fainéant ? Mais viens donc voir, la mécanique ne va plus ! » Rien ne le prouve, car je vois longtemps le scarabée s'obstiner à ébranler l'inébranlable, à explorer d'ici et de là, par dessus, par côté, la machine immobilisée, tandis que l'acolyte persiste dans son repos. A la longue, cependant, ce dernier a conscience que quelque chose d'insolite se passe ; il en est averti par les allées et venues inquiètes du confrère et par l'immobilité de la pilule. Il descend donc, et à son tour examine la chose. L'attelage à deux ne fait pas mieux que l'attelage à un seul. Ceci se complique. Le petit éventail de leurs antennes s'épanouit, se ferme, se rouvre, s'agite, et trahit leur vive préoccupation. Puis un trait de génie met fin à ces perplexités : « Qui sait ce qu'il y a là-dessous ? » La pilule est donc explorée à la base, et une fouille légère a bientôt mis l'épingle à découvert. Aussitôt il est reconnu que le nœud de la question est là.

« Si j'avais eu voix délibérative au conseil, j'aurais dit : « Il faut pratiquer une excavation et extraire le pieu qui fixe la boule. » Ce procédé, le plus élémentaire de tous et d'une mise en pratique facile pour des fouilleurs aussi experts, ne fut pas adopté, pas même essayé. Le bousier trouva mieux que l'homme. Les deux collègues, qui de-ci, qui de-là, s'insinuent sous la boule, laquelle glisse d'autant et remonte le long de l'épingle à mesure que s'enfoncent les coins vivants. La mollesse de la matière, qui cède en se creusant d'un canal sous la tête du pieu inébranlable, permet cette habile manœuvre. Bientôt la pelote est suspendue à une hauteur égale à l'épaisseur du corps des scarabées. Le reste est plus difficile. Les bousiers, d'abord

couchés à plat, se dressent peu à peu sur les jambes,
poussant toujours du dos. C'est dur à venir à mesure que
les pattes perdent de leur puissance en se redressant
davantage ; mais enfin, cela vient. Puis un moment arrive
où la poussée avec le dos n'est plus praticable, la hauteur
limite étant atteinte. Un dernier moyen reste, mais bien
moins favorable au développement de force. Tantôt dans
l'une, tantôt dans l'autre de ses postures d'attelage, l'insecte pousse, soit avec les pattes postérieures, soit avec
les pattes antérieures. Finalement, la boule tombe à terre,
si l'épingle, toutefois, n'est pas trop longue. L'éventre-
ment de la pilule par le pieu est tant bien que mal réparé,
et le charroi aussitôt recommence.

« Mais si l'épingle est d'une longueur trop considérable,
la pelote, encore solidement fixée, finit par être suspendue
à une hauteur que l'insecte, se redressant, ne peut plus
dépasser. Dans ce cas, après de vaines évolutions autour
du mât de cocagne inaccessible, les bousiers abandonnent
la place, si l'on n'a pas la bonté d'âme d'achever soi-même
la besogne, et de leur restituer leur trésor, ou bien encore
si on ne leur vient pas en aide en exhaussant le sol au
moyen de petites pierres plates... »

Quand le bousier est seul en présence de ce problème
difficile à résoudre, il y trouve la même solution. Il commence par s'insinuer sous la boule, la poussant du dos
jusqu'à ce qu'elle s'élève le long de l'épingle, et, si
celle-ci est de dimensions exagérées, la boule finit par
être juchée à une hauteur telle que l'infortuné ne peut
plus y atteindre.

Si on ne lui fournit pas un caillou pour piédestal, après
s'être vainement dépensé en efforts inutiles, il finit par
trouver la tâche trop dure, et il abandonne la partie.

Jamais, au grand jamais, on ne le voit revenir avec un
auxiliaire ; et toute pilule abandonnée dans de pareilles
conditions l'est sans retour.

C'est ainsi que la science tue les légendes.

D'ailleurs, quand un associé se présente, ce n'est en aucune manière pour donner un coup de main, pour porter secours à un collègue dans l'embarras, mais bien au contraire pour s'emparer, s'il est possible, de la pilule, pour profiter, sans mal ni douleur, du travail d'autrui.

Et le filou est rusé. « Orientés au hasard, à travers plaines de sable, fourrés de thym, ornières et talus, les deux scarabées collègues quelque temps roulent la pelote et lui donnent ainsi une certaine fermeté de pâte qui est peut-être de leur goût. Chemin faisant, un endroit favorable est adopté. Le bousier propriétaire, celui qui s'est toujours maintenu à la place d'honneur, à l'arrière de la pilule, celui enfin qui, presque à lui seul, a fait tous les frais du charroi, se met à l'œuvre pour creuser la salle à manger. Tout à côté de lui est la boule, sur laquelle l'acolyte reste cramponné et fait le mort. Le chaperon et les jambes dentées attaquent le sable ; les déblais sont rejetés à reculons par brassées, et l'excavation rapidement avance. Bientôt l'insecte disparaît en entier dans l'antre ébauché. Toutes les fois qu'il revient à ciel ouvert avec sa brassée de déblais, le fouisseur ne manque pas de donner un coup d'œil à sa pelote pour s'informer si tout va bien. De temps à autre, il la rapproche du seuil du terrier ; il la palpe, et à ce contact, il semble acquérir un redoublement de zèle. L'autre, sainte nitouche, par son immobilité sur la boule, continue à inspirer confiance. Cependant, la salle souterraine s'élargit et s'approfondit, le fouisseur fait de plus rares apparitions, retenu qu'il est par l'ampleur des travaux. Le moment est bon. L'endormi se réveille, l'astucieux acolyte décampe, chassant derrière lui la boule avec la prestesse d'un larron qui ne veut pas être pris sur le fait. Cet abus de confiance m'indigne, mais je laisse faire, dans l'intérêt de l'histoire ; il me sera toujours temps d'intervenir pour sauvegarder la morale, si le dénouement menace de tourner à mal.

« Le voleur est déjà à quelques mètres de distance. Le volé sort du terrier, regarde et ne trouve plus rien.

Coutumier du fait lui-même, sans doute, il sait ce que cela veut dire. Du flair et du regard, la piste est bientôt retrouvée. A la hâte, le bousier rejoint le ravisseur ; mais celui-ci, roué compère, dès qu'il se sent talonné de près, change de mode d'attelage, se met sur les jambes postérieures et enlace la boule avec ses bras dentés, comme il le fait en ses fonctions d'aide. — Ah ! mauvais drôle, j'évente ta mèche : tu veux alléguer pour excuse que la pilule a roulé sur la pente et que tu t'efforces de la retenir et de la ramener au logis. Pour moi, témoin impartial de l'affaire, j'affirme que la boule, bien équilibrée à l'entrée du terrier, n'a pas roulé d'elle-même ; d'ailleurs le sol est en plaine ; j'affirme t'avoir vu mettre la pelote en mouvement et l'éloigner avec des intentions non équivoques. C'est une tentative de rapt, ou je ne m'y connais pas. — Mon témoignage n'étant pas pris en considération, le propriétaire accueille débonnairement les excuses de l'autre, et les deux, comme si de rien n'était, ramènent la pilule au terrier. »

Quelquefois, cependant, le voleur a le temps de prendre une avance assez grande, ou bien sait habilement se dissimuler, et la pelote, en pareil cas, lui est acquise.

Comme il n'y a point de gendarmes chez les insectes, le dépossédé n'a même pas la ressource de porter plainte contre le larron, et il ne peut que se lamenter sur son malheureux sort. Et avouons que sa position est bien fâcheuse. « Avoir amené des vivres sous le feu du soleil, les avoir péniblement voiturés au loin, s'être creusé dans le sable une confortable salle de banquet, et, au moment où tout est prêt, quand l'appétit, aiguisé par l'exercice, ajoute de nouveaux charmes à la perspective de la prochaine bombance, se trouver tout à coup dépossédé par un astucieux collaborateur, c'est, il faut en convenir, un revers de fortune qui ébranlerait plus d'un courage. »

Mais le bousier ne manque pas d'énergie, et l'estomac qui réclame est là pour le rappeler au sentiment du travail. Après avoir bien constaté sa ruine, il s'en retourne au tas, et recommence philosophiquement à se confectionner une nouvelle pilule... qu'on lui volera peut-être encore.

Mais supposons cependant qu'il ait eu affaire à un collègue honnête, ou que, mieux inspiré, il ait refusé tout collaborateur, et conservé pour lui seul toute sa peine, et aussi toute sa pilule, que va-t-il faire de sa boule, maintenant qu'il l'a transportée en lieu sûr ?

Immédiatement il se met à l'œuvre ; il creuse un trou gros comme le poing, communiquant avec l'extérieur par une courte galerie tout juste suffisante à laisser passer la pilule.

Dès que la chambre est prête, les vivres sont rapidement emmagasinés, et le scarabée, décidément chez lui, ferme l'entrée de son domicile avec des déblais qu'il tenait en réserve dans ce but. Puis il se met à table, et le pantagruélique repas commence.

C'est un festin de quinze jours, pendant lesquels le bousier ne cesse de travailler des mandibules, dans la position la plus enviée des gourmands, le ventre à table, le dos au mur. La boule emplit toute la chambre ; c'est à peine si entre la paroi et les victuailles l'insecte trouve une place pour se loger.

Un espace grand comme lui est suffisant, d'ailleurs, car, une fois installé devant ses vivres, il s'interdit tout autre mouvement que celui des mâchoires. « Pas de menus ébats qui feraient perdre une bouchée, pas d'essais dédaigneux qui gaspilleraient les vivres...

« A les voir si recueillis autour de l'ordure, on dirait qu'ils ont conscience de leur rôle d'assainisseurs de la terre, et qu'ils se livrent avec connaissance de cause à cette merveilleuse chimie qui de l'immondice fait la fleur, joie des regards, et l'élytre des scarabées, ornement des pelouses printanières. Pour ce travail transcendant, qui doit faire matière vivante des résidus non utilisés par le bœuf, le cheval et le mouton, malgré la perfection de leurs voies digestives, le bousier doit être outillé d'une manière particulière. Et, en effet, l'anatomie nous fait admirer la prodigieuse longueur de son intestin, qui, plié et replié sur lui-même, lentement, élabore les matériaux en ses circuits multipliés et les épuise jusqu'au dernier atome utilisable. »

Les stercoraires rouleurs de boules habitent presque exclusivement les contrées méridionales et surtout le pourtour méditerranéen. Ils appartiennent aux genres *ateuchus* (ancien *scarabœus*), dont fait partie le scarabée sacré, jadis en grande vénération chez les Egyptiens ; *sisyphus*, nom allégorique rappelant le pénible travail du fils d'Eole et d'Enarète, condamné à rouler au haut d'une montagne un rocher qui lui échappait sans cesse ; *gymnopleurus* ; *canthon*.

Dans les zones tempérées ou froides, les coprophages sont représentés par des espèces qui ne font plus de boules ou tout au moins qui ne les roulent pas, et qui se contentent, le plus ordinairement, de pondre leurs œufs dans de petites galeries creusées sous les bouses.

Les plus connus de ces insectes sont les *copris*, dont une forme, *C. lunaris*, remarquable par la corne que porte le chaperon du mâle, se trouve communément dans le midi ; les *onthophagus*, les *aphodius*, dont une espèce presque cosmopolite, *A. fimetarius*, le *scarabée bedeau* de Geoffroy, se fait reconnaître à son corselet d'un noir brillant et à ses élytres rouge brique ; les *géotrupes*, qui sont des géants, comparés aux autres stercoraires de deuxième ordre.

La plupart de ces insectes se rencontrent, par les beaux jours, sur les chemins, parmi les excréments des herbivores, volant en essaims ou criblant le sol de galeries. Quelques-uns pondent leurs œufs dans les excréments du mouton ; d'autres, dans les pays chauds, s'insèrent prestement dans les pilules que roulent les *ateuchus*, et se laissent enterrer avec l'intention de faire profiter leur progéniture du travail d'autrui.

La femelle du *geotrupes stercorarius*, dont les mœurs ont été bien étudiées, creuse vers l'automne, à l'aide de ses mandibules cornées et de ses pattes de devant, une

Fig. 30. — Géotrupe stercoraire creusant ses galeries.

galerie qui a quelquefois plus de quarante centimètres de profondeur.

Quand le trou est fait, elle construit au fond, le plus souvent avec de la terre, une coque ovoïde dans laquelle elle dépose un œuf blanchâtre, de la grosseur à peu près d'un grain de blé. Au-dessus du nid, elle amène et entasse les matières stercorales qui sont à sa portée et en forme une sorte de saucisson de dix centimètres de long, qui doit servir à la nourriture de la larve; celle-ci sort de l'œuf huit jours environ après qu'il a été pondu.

Lorsqu'on saisit un aphodie ou un géotrupe, on voit presque toujours s'agiter, entre les pattes et dans l'articulation qui sépare le thorax de l'abdomen, une troupe grouillante de petits acariens, poux à huit pattes, qu'on appelle les *gamases des coléoptères.*

Ces minuscules parasites, dont la présence a valu au géotrupe stercoraire les noms de *mère-à-poux* et de *diable-à-poux*, ne paraissent pas incommoder leur hôte, et par suite il est probable qu'ils ne vivent pas de lui. On suppose qu'ils se délectent des fourrures des petits animaux morts, peut-être aussi des excréments des herbivores, et qu'ils se font véhiculer aux lieux de leurs festins par les silphes, les nécrophores, les bousiers, amis de ce genre de proie.

Ainsi que nous l'avons dit, le scarabée sacré, *ateuchus sacer*, était, chez les Egyptiens, un objet de vénération.

« Messagers du printemps, écrit Latreille, annonçant par leur reproduction le renouvellement de la nature ; singuliers par cet instinct qui leur apprend à réunir des matières excrémentitielles en manière de corps sphériques ; occupés sans cesse, comme le Sisyphe de la Fable, à faire rouler ces corps ; distingués des autres insectes par quelques formes particulières, ces scarabées parurent aux prêtres égyptiens offrir l'emblème des travaux d'Osiris ou du Soleil. »

Hor-Apollon s'est longuement étendu sur les motifs qui pouvaient faire du scarabée, aux yeux des Egyptiens, l'image de la divinité :

« Tous les scarabées ont trente doigts, à raison du nombre de jours que le soleil met à parcourir le signe du zodiaque. On en distingue trois espèces : la première, ou le scarabée proprement dit, présente des rayons et a été, par analogie, consacrée au Soleil... Tous les individus de ce scarabée sont du sexe masculin. Lorsque l'insecte veut se reproduire, il cherche de la fiente de bœuf, et, après en avoir trouvé, il en compose une boule dont la figure est celle du monde ; il la fait rouler avec les pieds

6

de derrière, en allant à reculons et dans la direction de l'Est à l'Ouest, sens dans lequel le monde est emporté par son mouvement... Le scarabée enfouit sa boule en terre, où elle demeure cachée pendant vingt-huit jours, temps égal à celui d'une révolution lunaire, et pendant lequel la race du scarabée s'anime. Le vingt-neuvième jour, que l'insecte connaît pour être celui de la conjonction de la lune avec le soleil et de la naissance

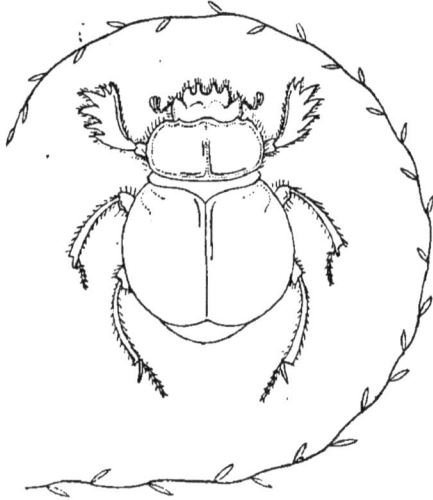

Fig. 31. — Silhouette du Scarabée sacré.

du monde, il ouvre cette boule et la jette dans l'eau. Il sort de cette boule des animaux qui sont des scarabées... »

Le scarabée représentait donc à la fois, d'une manière symbolique, un être engendré de lui-même, une naissance, un père, le monde, l'homme.

Il y a là un singulier mélange d'observations réelles et d'hypothèses imaginaires. Le scarabée enterre bien sa boule ; mais les anciens, pour qui la génération spontanée était un dogme, étaient obligés de supposer qu'il venait la déterrer, et de faire intervenir l'action de l'eau qui représentait, avec la chaleur, l'un des facteurs de cette merveilleuse génération.

Les trente doigts pourraient correspondre au nombre total des articles des six tarses ; mais l'hypothèse perd une partie de sa valeur si l'on considère que, précisément, chez les *ateuchus*, les deux tarses antérieurs sont avortés, comme inutiles. L'idée que ces insectes étaient tous mâles vient de la ressemblance très grande qui existe entre les deux sexes, et de ce que le mâle confectionne des boules comme la femelle.

Le scarabée sacré était ciselé partout, sur les murs des temples, sur les chapiteaux des colonnes, gravé sur les médaillons, les sceaux. Dans le zodiaque de Dendérah, il remplace, dans les signes célestes, le scorpion des Grecs. Il figurait aussi la transmigration des âmes et on le plaçait dans les tombes. De plus, il était très employé en médecine ; les mages le suspendaient comme une amulette pour guérir des fièvres intermittentes.

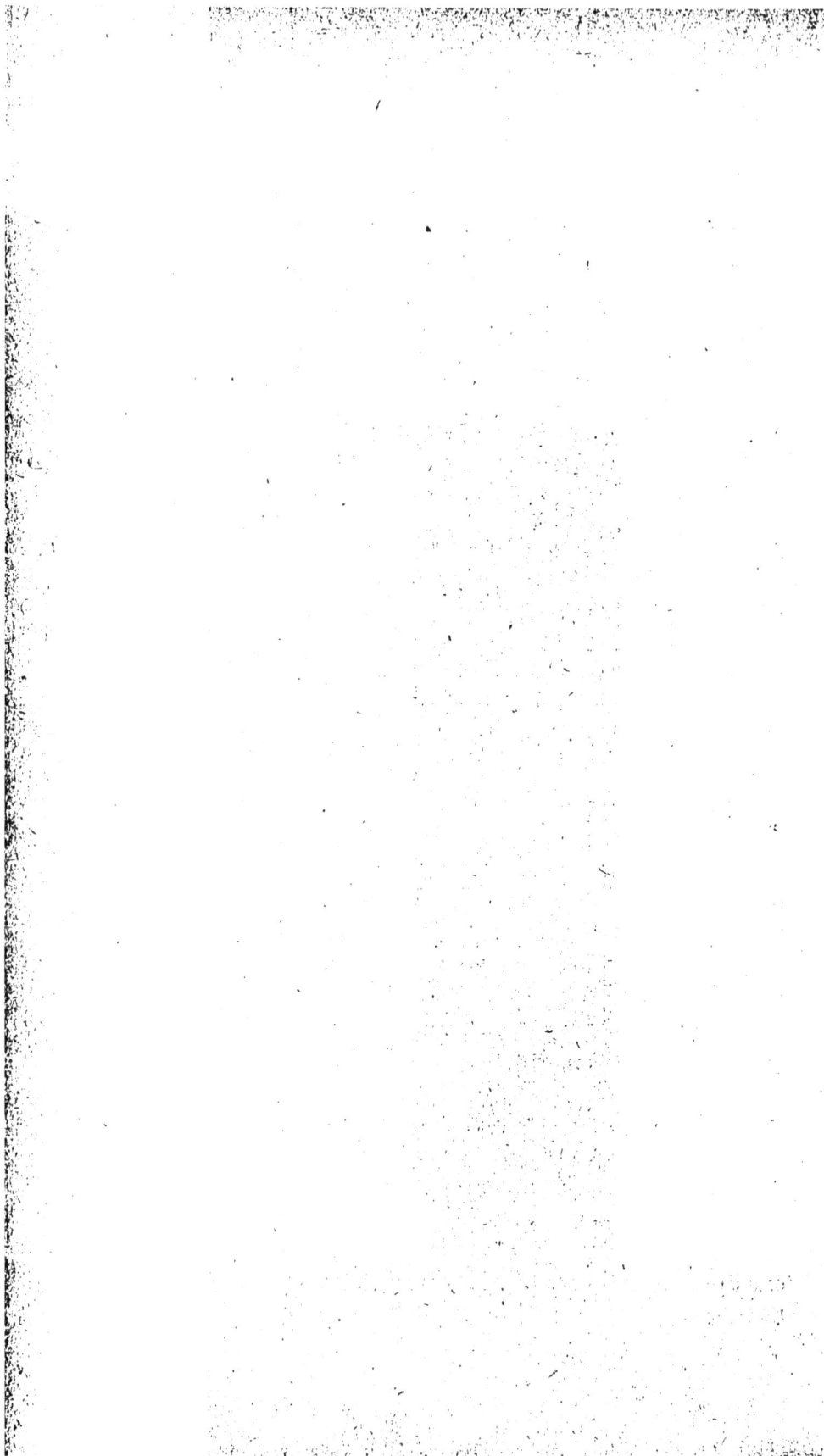

VI

LE MIMÉTISME

Mimétisme, cela veut dire *imitation*.

Les savants modernes désignent sous ce nom collectif plusieurs phénomènes distincts dans leur accomplissement, dans leurs moyens, mais ayant pour but commun de soustraire aux attaques de leurs ennemis plus forts certains êtres mal outillés pour se défendre.

Dans cette âpre lutte pour la vie, à laquelle tout ce qui respire est condamné, il semble que les petits, les délicats, ceux qui n'ont ni bec ni griffes, soient fatalement destinés à devenir la proie des autres. Mais il n'en va pas ainsi.

La Sagesse prévoyante qui a fait l'univers avec ordre et mesure, a donné, aux espèces faibles à qui elle refusait des armes, des moyens de protection suffisants pour les mettre à l'abri, et pour leur permettre de se perpétuer dans une paix relative.

Le mimétisme est un de ces ingénieux moyens de défense ; il résume tous les faits relevant de la faculté qu'ont certains êtres de se dissimuler soit par leur forme semblable à celle des objets sur lesquels ils vivent, soit par leur couleur analogue à celle du milieu qu'ils habitent, soit enfin par des apparences extérieures qui les font confondre avec des êtres dangereux.

On trouve dans l'ordre des insectes de nombreux exemples de cette curieuse et admirable ressemblance protectrice.

Un des cas les plus connus est celui de la phyllie feuille-sèche, orthoptère des régions tropicales, qui, par sa forme plane, ovale, par ses ailes étalées à plat sur le dos, et parcourues par un réseau de nervures, figure absolument une feuille.

Quand l'insecte est posé sur un arbre, on ne peut, paraît-il, le distinguer du feuillage, et l'illusion est si forte que des voyageurs, peu au courant des vérités scientifiques, ont pu affirmer que, dans certains pays, les feuilles se détachent subitement des arbres et se mettent à courir.

D'autres orthoptères, les phasmes ou bacilles, allongés et rigides, simulent à s'y méprendre une branche sèche,

Fig. 32. — Bacille, simulant une petite branche sèche.

et se confondent ainsi avec les menus ramuscules auxquels ils se cramponnent.

Certaines chenilles de phalènes, connues sous le nom d'arpenteuses, présentent aussi une ressemblance extérieure très étroite avec de petites branches.

Ces chenilles, de couleur ordinairement brune ou obscure, ne sont munies de pattes qu'à l'extrémité antérieure et à l'extrémité postérieure. Pour se déplacer, elles fixent leurs pattes de devant, recourbent leur corps en arc très fermé, et amènent leurs pattes de derrière auprès des antérieures. Celles-ci alors, par une extension du corps,

Fig. 33. — La Phyllie feuille-sèche, simulant une feuille.

vont se fixer un peu plus loin, et grâce à ce manège constamment répété, la chenille progresse.

Si un danger se présente, l'arpenteuse se cramponne
solidement à l'aide de ses pattes postérieures, dresse
obliquement son corps, se raidit, et devient semblable à
une branche ; ce moyen de défense est si efficace qu'il faut quelquefois chercher longtemps
avant de découvrir la chenille dissimulée.

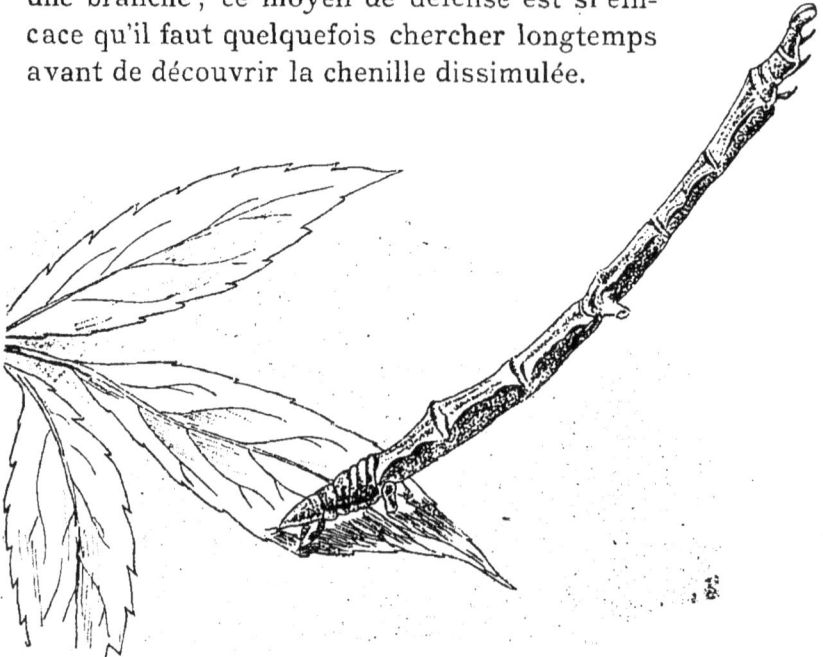

Fig. 34. — Chenille d'*Urapteryx*, simulant une brindille. (Grossie.)

Le *callima paralecta,* papillon de Sumatra, imite, quand
il a les ailes repliées, une feuille, et échappe ainsi à ses
ennemis. Ecoutons à ce sujet Wallace, aux observations
de qui les phénomènes de mimétisme doivent en grande
partie d'avoir été connus et élucidés :

« Les ailes sont, en-dessous, d'une riche couleur pourprée,
variée de cendré. En travers des ailes supérieures s'étale
une large bande d'un orangé éclatant, ce qui rend cette
espèce très apparente quand elle vole. Elle n'est pas rare
dans les bois secs et fourrés, et je me suis souvent efforcé
d'en capturer sans succès ; car après avoir parcouru en

volant une courte distance, le papillon entrait dans un
buisson, parmi les feuilles mortes, et quel que fût mon
soin à trouver sa place, je ne pouvais jamais le découvrir
à moins qu'il ne partît à nouveau pour disparaître bientôt
dans un endroit semblable. A la fin, je fus assez heureux
pour voir l'endroit exact où s'était posé le papillon ; et,
bien que je l'eusse perdu de vue pendant quelque temps,
je découvris qu'il était fermé devant mes yeux, mais que,
dans cette position de repos, les ailes ainsi fermées, il res-
semblait à une feuille morte attachée à une petite branche,
de façon à tromper certainement même des yeux attentivement fixés sur lui. J'en ai capturé plusieurs spécimens au
vol, et j'ai été à même de comprendre comment cette merveilleuse ressemblance se produisait. Les ailes supérieures
sont terminées à cette extrémité par une fine pointe,
exactement comme les feuilles de beaucoup d'arbres et
d'arbustes des tropiques ; les ailes inférieures, au contraire,
sont plus larges et terminées par une queue large et
courte.

« Entre ces deux pointes court une ligne courbe et
sombre, qui représente exactement la nervure médiane
de la feuille, et d'où rayonnent de chaque côté des lignes
légèrement obliques qui imitent fort bien les nervures
latérales... La teinte de la face inférieure varie beaucoup,
mais elle est toujours de couleur grisâtre ou rouge comme
celle des feuilles mortes. Cette espèce a l'habitude de rester
toujours sur une petite branche, sur des feuilles mortes ou
roulées, et, dans cette position, les ailes fermées et pres-
sées l'une contre l'autre, elle présente exactement l'aspect
d'une feuille de grandeur ordinaire, légèrement arrondie
et dentée. La queue des ailes forme une tige parfaite et
touche la branche, pendant que l'insecte est supporté par
les parties du milieu que l'on ne peut remarquer parmi les
brindilles qui l'entourent. La tête et les antennes sont
disposées entre les ailes de façon à être cachées complètement... Ces divers détails se combinent pour produire un
déguisement si complet et si merveilleux, que tous ceux

qui l'observent en sont étonnés, et les habitudes de l'insecte
sont telles qu'elles utilisent toutes ces particularités en les
rendant profitables, et cela de manière à ne laisser aucun
doute sur ce singulier cas d'imitation qui est certainement
une protection pour l'insecte. La fuite rapide est suffisante
pour le sauver des ennemis qu'il rencontre dans son vol;
mais, s'il était aussi visible lorsqu'il s'arrête, il n'échappe-
rait pas longtemps à la destruction, à cause des attaques
des reptiles et des oiseaux insectivores qui abondent dans
les forêts des tropiques. »

Une autre série de cas de mimétisme nous est fournie
par les insectes qui miment, dans leurs couleurs ou leurs
formes, d'autres espèces dangereuses ou repoussantes, et
bénéficient de la sorte de la crainte ou de la répulsion ins-
pirée par les insectes imités.

On trouve dans l'Amérique du Nord un magnifique
papillon de jour, l'*ithomia ilerdina,* aux grandes ailes
décorées de couleurs brillantes, mais laissant suinter de
son corps un liquide fétide qui dégoûte les oiseaux, et les
engage à s'éloigner de ce peu friand morceau.

Or, dans les mêmes forêts habitent d'autres papillons,
leptalis theonoe, anatomiquement très différents des

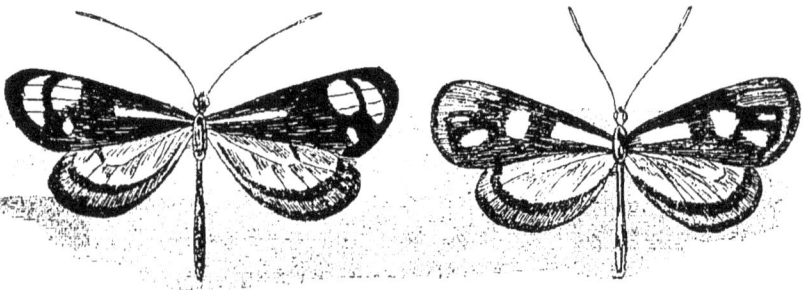

Fig. 35. — *Leptalis theonoe,* mimant *Ithomia ilerdina,* dont l'odeur est désagréable
aux oiseaux.

ithomies, puisqu'ils n'ont que deux paires de pattes bien
développées, mais s'en rapprochant tellement par leur
forme générale et leur coloration que des naturalistes

exercés ont pu s'y laisser prendre. On comprend par
suite que les oiseaux ne puissent établir la distinction, et
que leur dégoût pour les ithomies ne les encourage pas à
mordre sur les leptalis, encore que ceux-ci ne dégagent
aucune odeur.

En France, on rencontre assez fréquemment des papillons appartenant au genre *sesia*, qui imitent à s'y tromper,
par la disposition des couleurs, des guêpes ou des abeilles.

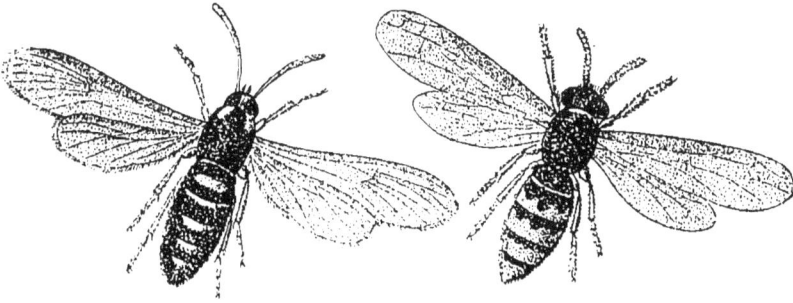

Fig. 36. — Sésie apiforme. — Guêpe frelon.

Les guêpes ont un aiguillon ; les sésies n'en ont pas ; mais
ces insectes se ressemblent assez pour que, lorsqu'ils sont
au vol, on les tienne tous en même défiance.

Cette ressemblance avec les abeilles est partagée encore
par les éristales, mouches inoffensives qui fréquentent les
fleurs, en été, et sur lesquelles on s'abstient toujours, avec
une sage méfiance, de porter la main, lorsqu'on n'est pas
prévenu.

Il y a des cas où le mimétisme n'a pas pour but la
défense, mais l'attaque. Il en est ainsi par exemple, chez
les bombyles, les volucelles, mouches aux mœurs intéressantes auxquelles nous ne pouvons moins faire que de
consacrer une rapide étude.

Les larves des bombyles vivent aux dépens d'un certain
nombre d'hyménoptères mellifiques, en particulier des
andrénides. A l'état adulte, ces insectes, semblables à de
petits bourdons très velus, volent vivement ou planent,

enfonçant leur longue trompe dans les corolles, en faisant entendre une sorte de sifflement aigu.

Ils peuvent, grâce à leur livrée, s'approcher des nids des hyménoptères sans trop exciter la méfiance de leurs légitimes propriétaires. Ce remarquable mimétisme, dont la destination évidente est de favoriser les manœuvres du parasite, s'accentue chez les volucelles, au point que ces mouches deviennent par l'aspect extérieur et le mélange

Fig. 37. — Le Bombyle.

des couleurs jaune et noire, de véritables frelons, de véritables guêpes, capables de faire illusion au naturaliste le plus prévenu.

Les évolutions des volucelles autour des nids de guêpes dont elles cherchent à forcer l'entrée sont très intéressantes à étudier.

Immobiles sur une feuille, sur un brin d'herbe, elles semblent étudier la topographie de la localité, et choisir le chemin le plus facile. Elles hésitent longtemps, quittant par intervalles leur poste d'observation pour aller se

rafraichir la trompe sur les fleurs voisines en humant
quelques gouttelettes sucrées ; puis, se décidant, elles
poussent vers le nid une première reconnaissance.

Elles sont d'abord fort mal reçues ; l'entrée du nid est
gardée par une sentinelle vigilante qui oppose un peu
rassurant *qui vive !* aux investigations de l'étrangère. La
mouche, devant la menace du redoutable aiguillon de la
guêpe, fait un prudent mouvement de retraite ; mais elle a

Fig. 38. — Guêpe. — Volucelle.

la patience tenace, et elle recommence bientôt sa tentative.
Après plusieurs échecs, sa persévérance lui vaut enfin le
succès.

Il est assez rare de voir les volucelles pénétrer dans le
nid, c'est-à-dire de les surprendre en flagrant délit de
violation de domicile ; on se trouve plus souvent en
présence du fait accompli, car les nids ouverts révèlent
dans leur intérieur la présence de larves nouvellement
écloses, ce qui permet de supposer que les œufs y ont été
pondus pendant le sommeil des guêpes.

Il est probable que, malgré leur déguisement et leurs
précautions, les volucelles qui pénètrent dans les nids

deviennent souvent les victimes des irascibles hyménoptères, qui là, du moins, sont excusables, étant dans le cas de légitime défense.

C'est à l'automne que les sociétés de guêpes sont en pleine prospérité. Si, à cette époque, on examine attentivement les nids sans les bouleverser, ceux qui ont été visités par les volucelles présentent un étrange aspect. Au lieu d'une cité florissante, partout des débris de larves, de nymphes, des cellules éventrées et vides, des traces de carnage; et, au milieu des ruines, comme étonnées de l'inutilité de leurs soins, les guêpes continuent leurs travaux, cherchant à réparer les ravages, à atténuer l'œuvre d'extermination qui se poursuit en dépit de leurs efforts.

Où est donc l'ennemi ?

Entre les gâteaux, le long des parois du nid, grimpant d'étage en étage, voyageant de cellule en cellule, on aperçoit des vers grisâtres, hérissés d'épines, qui cherchent leur proie à tâtons. Ces vers sont les larves du parasite, de la volucelle.

Pourquoi les guêpes, qui d'ordinaire se montrent si irascibles, si intraitables vis-à-vis des autres insectes, laissent-elles ainsi une race ennemie s'implanter dans leur nid, se développer aux dépens de leur progéniture, semer la mort dans leur couvain ?

Quand les larves de la volucelle ont atteint une certaine taille, la dureté de leurs téguments les met à l'abri de toute attaque ; à l'aiguillon qui voudrait les transpercer, aux mandibules, pourtant robustes, qui s'efforceraient de tenailler, d'inciser leur coriace épiderme, elles opposent, en contractant les segments de leur corps, une masse ridée, plissée, épineuse, sur laquelle s'émoussent les meilleures armes.

Il est vrai que, dans leur jeune âge, elles sont moins bien défendues ; mais, à cette époque, elles suppléent par la ruse à la force qui leur manque, et elles rebutent les guêpes à qui viendrait la malencontreuse idée d'en faire leur pâture, par l'écoulement d'un liquide fétide, qui imprègne tout le corps d'une puanteur repoussante.

Nous avons dit que les volucelles, en général, ont un habit qui les fait ressembler aux hyménoptères dont elles convoitent le couvain, et que c'est à la faveur de ce déguisement qu'elles peuvent arriver jusqu'aux nids. Quelques espèces font exception, toutefois : par exemple, la *volucella pellucens,* qui n'a aucun trait de ressemblance avec les guêpes.

Et cependant ces espèces pondent aussi communément que les autres dans les guêpiers. D'où l'on pourrait peut-être conclure que la similitude de la livrée n'est pas l'unique moyen mis à la disposition des parasites pour endormir la vigilance des ouvrières qui gardent les nids. Le mimétisme n'aurait donc pas toute l'importance qu'on est tenté de lui attribuer.

Il n'en est pas moins un phénomème d'un haut intérêt, accentué encore, dans le cas particulier qui nous occupe, si l'on considère que l'aspect extérieur des volucelles varie avec l'espèce que les larves doivent attaquer.

C'est ainsi que l'espèce qui pond dans les nids de bourdons, *V. bombylans,* revêt la physionomie de ces insectes, et que, si l'on n'était prévenu, on croirait voir sortir des nids, au moment de la métamorphose, leurs propriétaires légitimes, tandis qu'en réalité ce sont les volucelles qui s'en échappent.

A l'état adulte, ces mouches ont un singulier moyen de défense. Si l'on saisit une volucelle-bourdon, elle relève ses pattes de devant au-dessus de ses yeux, fait entendre un piaulement aigu, et imprime à tout son corps un frémissement violent, continu, qui détermine, dans les doigts qui la retiennent captive, une sensation très désagréable, au point qu'on est obligé de lâcher prise.

Les autres espèces possèdent à un degré variable la faculté d'agiter ainsi tout leur corps par une violente trépidation ; toutes utilisent cet original moyen de défense, surtout contre les oiseaux, leurs ennemis, qui forcément, déconcertés par cette intense vibration, abandonnent leur proie.

Nous ne pouvons mieux faire, pour clore ce chapitre sur le mimétisme, que de mentionner le cas très curieux de l'adaptation au milieu de la couleur du corps chez un petit être qui n'est pas précisément un insecte, mais qui appartient à l'ordre des araignées, intimement allié à celui des insectes.

Il s'agit d'une thomise, *thomisus onustus*, qu'on rencontre fréquemment dans le midi de la France, sur les fleurs de liseron, où elle fait la chasse aux mouches.

« Le liseron, dit M. Heckel, présente trois variétés sensiblement différentes par la couleur, et à ces trois variétés correspondent trois variétés de l'espèce d'araignée. Une forme de liseron est caractérisée par sa corolle d'un blanc uniforme ; une seconde est verdâtre en dehors ; l'autre a la corolle d'un rose clair avec un peu de rouge vineux à l'extérieur. Ces variétés vivent côte à côte, et à chacune correspond une variété spéciale de thomise. Dans les fleurs blanches est une thomise blanche qui présente sur l'abdomen une croix bleue, et a l'extrémité des pattes aussi légèrement teintée de bleu. Pour la forme verdâtre à l'extérieur, nous rencontrons une thomise à coloration vert sale, mélangée d'un peu de rouge... Enfin, à la fleur rose correspond une thomise franchement rosée sur la partie dorsale de l'abdomen et des pattes. »

La chenille de la vanesse de l'ortie donne des chrysalides dont la couleur varie avec celle du milieu. Pour obtenir à volonté des chrysalides noires, blanches ou dorées, il suffit de placer les chenilles de cette espèce, au moment où elles se préparent à subir leur métamorphose, sur une surface noire, blanche ou dorée.

VII

LES GALLES ET LEURS HABITANTS

La plupart des insectes considèrent le règne végétal comme leur bien propre, et tirent des plantes, surtout à l'état de larves, leur nourriture exclusive. Les uns, comme les chenilles, se contentent des substances alimentaires en réserve dans les feuilles ou les tiges ; d'autres, au contraire, ont le talent d'exciter en des points donnés l'activité du végétal, de provoquer à leur profit une production exagérée d'amidon, et savent ainsi se ménager un abri sûr, une retraite commode au sein de ce nid qui doit, en même temps, les nourrir.

Un certain nombre de coléoptères, d'hémiptères, d'hyménoptères et de diptères jouissent de cette exceptionnelle prérogative, et la piqûre de leurs femelles sur le point de pondre détermine ces excroissances diverses, de forme souvent bizarre, qui sont le berceau de leur progéniture, et qu'on désigne sous le nom de *galles*.

On peut définir la galle : toute déformation d'une plante produite par la réaction de celle-ci contre l'invasion d'un parasite.

Quand un corps étranger pénètre dans un être vivant, si on ne peut l'extraire, le tissu où il s'est logé continue à accomplir ses fonctions comme d'ordinaire, mais il s'isole de ce corps par une sorte d'enveloppe, de membrane, si on veut, qui forme une poche que les savants nomment kyste (1).

(1) Nous demandons bien pardon d'employer ainsi, dans un ouvrage élémentaire, des mots si techniques ; mais la science a son langage, et

Les galles ont une origine analogue à celle de ces poches. La salive âcre du puceron ou l'œuf du cynips, insectes qui provoquent des excroissances sur les plantes, jouent le rôle d'un corps étranger dans le tissu végétal, lequel, excité par la présence de ce corps, tend à l'enkyster. Mais ici, le kyste n'est pas limité à une simple enveloppe, comme il s'en forme, par exemple, autour d'une balle logée dans un muscle ou dans un poumon ; il s'accroît, au contraire, et devient une ampoule plus ou moins volumineuse. Et cela, parce que la cause déterminante persiste, le parasite con-

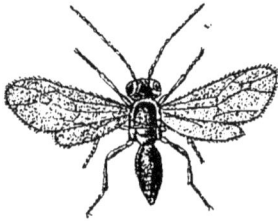

Fig. 39. — Le Cynips du bédéguar.   Fig. 40. — Cécidomyie.
(Fort grossissement).

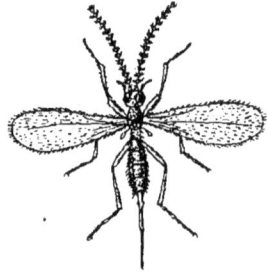

tinuant à sucer la sève, ou l'œuf déposé sous l'épiderme s'accroissant, se développant.

Quel que soit l'insecte qui provoque la formation des galles, leur point de départ est toujours la présence, dans le tissu, d'un corps étranger, et l'irritation qui en résulte ; mais le mode d'action des insectes qui font pénétrer ce corps dans la plante varie avec les espèces.

Les cynips (hyménoptères) et les cécidomyies (diptères) ont l'extrémité de l'abdomen des femelles terminée par une pointe plus ou moins large, par une tarière, qui perce l'épiderme de la plante nourricière, et dépose un œuf sous cet épiderme.

A la suite de la piqûre, une petite tuméfaction se produit,

nous croyons qu'il serait puéril de remplacer par des périphrases plus ou moins inexactes, des termes qu'une courte définition rend parfaitement intelligibles.

qui est la première trace, le premier vestige de la galle; cette tuméfaction, à mesure que se développe la jeune larve qu'elle contient, s'accroît aussi, dans une forme géné-ralement constante avec l'espèce parasite, et finalement devient une excroissance bien apparente, dont la maturité coïncide avec l'arrêt de la croissance de la larve, ce qui prouve bien que l'excitation produite par la présence de l'insecte et par l'activité de ses pièces buccales, est la cause du développement de la galle.

Au sein de l'excroissance, la larve parasite trouve réunies toutes les circonstances dont le concours est artificielle-ment réalisé pour l'engraissement des animaux, à savoir l'immobilité presque absolue, entraînant un ralentisse-ment très sensible de la respiration, et une nourriture abondante, consistant surtout en amidon; aussi a-t-on remarqué que les vers extraits des galles avaient emmaga-siné, dans leurs cellules, une notable quantité de graisse.

La production des galles par les pucerons (hémiptères) ne se fait pas de la même manière. Ces insectes, dont la présence produit sur les végétaux qu'ils habitent des excroissances ou ampoules, n'ont pas l'abdomen prolongé en tarière, et ne déposent pas leurs œufs sous l'épiderme.

Les altérations du tissu, toujours plus irrégulières que les galles généralement symétriques des cynips et des cécidomyies, les soulèvements boursouflés qui les tra-hissent, témoignent que la plante nourricière souffre de leur présence, et semblent plutôt l'indice d'un affaiblisse-ment de la partie attaquée qu'une réaction utile des cellules ayant pour but une plus abondante production d'amidon.

Les galles des hémiptères sont dues à la piqûre de l'épi-derme et à la continuelle succion de la sève par le bec des pucerons qui, sans doute, comme leur proche parente la punaise, déversent dans la plaie un liquide caustique. La punaise laisse sur la peau humaine des traces de son passage sous la forme d'ampoules enflammées; le puceron envenime la blessure qu'il fait à la plante et provoque une déformation de la partie qu'il attaque.

Autre différence avec les galles véritables des hyménoptères : celles des pucerons ne sont pas proprement destinées
à servir de berceau et de nourriture à une larve ; elles sont
produites originairement par une mère unique qui s'y
enferme et y pond une foule de mères plus petites qu'elle,
qui sont pourvues d'ailes après leur mue. Ces mères ne
pondent pas ordinairement dans les galles, mais essaiment
après l'ouverture de l'excroissance.

Ordinairement, chaque parasite attaque une espèce
déterminée, pique la plante en un point constant et produit
des galles de même forme. Le *pemphigus bursarius* pro-

Fig. 41. — Galle de la feuille de peuplier.

voque, à la base des feuilles du peuplier, des tubérosités
irrégulièrement contournées. Le redoutable *schizoneura
lanigera*, puceron lanigère, déforme les jeunes rameaux
du pommier ; une espèce voisine, *S. lanuginosa*, transforme les feuilles de l'orme en sacs vésiculeux, qui persis-

tent généralement pendant l'hiver, après la chute des feuilles saines.

Les cécidomyies s'attaquent, en grande partie, aux plantes herbacées; cependant, les excroissances vermeilles dues à la *C. fagi* sont très communes sur les feuilles du hêtre, où elles attirent les regards. Certaines espèces, remarquons-le en passant, ne déterminent pas de galles proprement dites: ainsi, la cécidomyie du froment, si redoutée des cultivateurs, et dont les larves se développent dans les grains du blé avant leur maturité.

Les galles les plus parfaites sont produites par les cynipides; on en trouve un grand nombre sur le chêne, qui

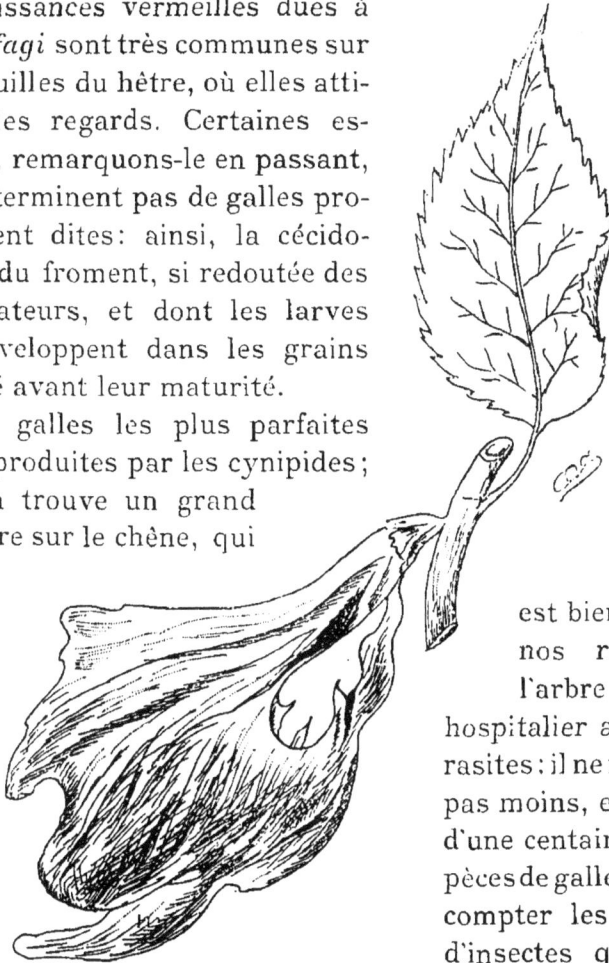

Fig. 42. — Galle produite par le puceron de l'orme.

est bien, dans nos *régions*, l'arbre le plus hospitalier aux parasites: il ne nourrit pas moins, en effet, d'une centaine d'espèces de galles, sans compter les larves d'insectes qui minent son robuste tronc, et les deux cents espèces de champignons qui, au dire de M. Westendorp, habitent ses différentes parties.

Tout le monde connaît les bédéguars, galles moussues que produit le rosier sous la piqûre du *Rhodites rosæ*.

A quelque ordre qu'ils appartiennent, les insectes à qui
a été départie la faculté de produire des galles offrent, en
dehors de cette aptitude qui les relie évidemment, des
analogies établissant leur parenté physiologique. Leur
taille est toujours très petite, la plupart des espèces n'attei-
gnant pas ou dépassant à peine le millimètre ; de plus, le
parasitisme a amené leur organisme à un état d'imper-
fection qui se traduit surtout par la structure rudimentaire

Fig. 43. — Cécidomyie du froment.

des pièces buccales, et par la réduction du nombre des
nervures des ailes.

Cette conséquence presque inévitable du parasitisme se
révèle d'une manière évidente chez les insectes des galles,
dont l'instinct n'offre que des manifestations rares, peu
variées, réduites presque exclusivement à la recherche de
la plante qui doit nourrir leur progéniture.

Leur existence presque entière se passe, en effet, aux
abords de cette plante, à voltiger dans un rayon de soleil
et à pondre leurs œufs. Les pucerons ont même une vie
plus obscure encore, car beaucoup d'entre eux, le bec

implanté dans l'épiderme de la plante, ne quittent jamais
la place qu'ils ont une fois adoptée, et y attendent patiemment la mort, qu'elle leur soit donnée par leurs ennemis ou
par l'approche de l'hiver.

Par une exception remarquable, les cécidomyies, dont
la taille est cependant très petite et l'organisation rudimentaire, ont conservé des antennes développées, dont les
articles nombreux, garnis de poils disposés en anneaux,

Fig. 44. — Tiges de blé habitées par les larves de la Cécidomyie.

jouissent sans doute d'une sensibilité tactile affinée et
d'une subtile perception des odeurs.

Puisque l'étude des galles nous a amené à parler des
pucerons, il nous paraît intéressant de donner quelques
détails sur un fait curieux de la vie de ces insectes, la
reproduction vivipare.

Dès que la température redevient favorable, les œufs des
pucerons, pondus avant l'hiver, généralement sur les tiges
et les bourgeons, éclosent et donnent naissance à des individus aptères, c'est-à-dire dépourvus d'ailes. Ces individus
sont tous des mères qui, en dix ou douze jours, selon la

température, subissent leur mue et produisent des petits vivants.

Les larves sortent de l'abdomen maternel, leur extrémité postérieure la première ; immédiatement elles prennent pied, et, dès qu'elles sont complètement dégagées, elles implantent leur bec dans l'épiderme et se mettent à sucer.

Elles représentent encore des mères vivipares, destinées à augmenter la colonie d'une nouvelle ponte de pucerons

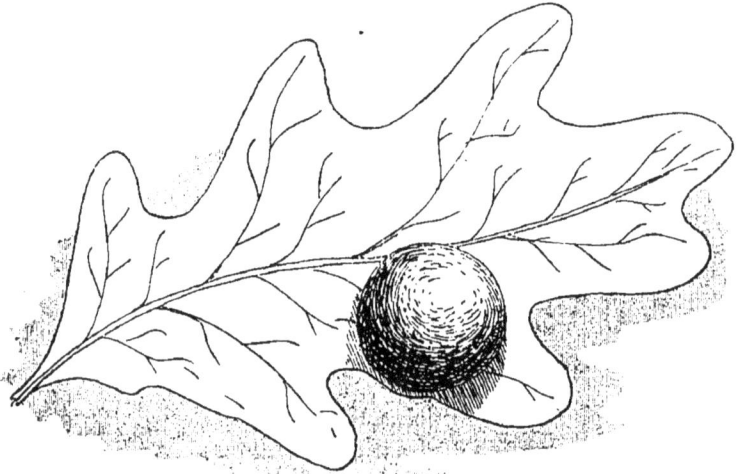

Fig. 45. — Galle en cerise des feuilles du chêne, produite par le Dryophanta scutellaris.

qui se développent dans leur abdomen, en sortent vivants et engendrent à leur tour. Cette succession de générations peut se prolonger, en serre chaude, pendant plusieurs années.

Si les pucerons naissaient ainsi indéfiniment sans ailes, la colonie aurait tôt fait, par sa trop complète localisation, d'épuiser la plante nourricière, et par suite ne tarderait pas elle-même à disparaître, faute d'aliments. Aussi, quand le troupeau est devenu trop nombreux, certaines mères acquièrent des ailes, qui se montrent d'abord sous la forme de courts bâtonnets, et progressivement s'allongent.

Ces mères vont devenir, sur d'autres végétaux capables de les nourrir, le point de départ de nouvelles colonies. Leur abdomen contient une sorte de pulpe dans laquelle apparaissent des points noirs, qui sont les yeux des jeunes pucerons en voie de développement.

Les galles, surtout celles des hyménoptères, sont fréquemment habitées par des insectes d'une espèce différente

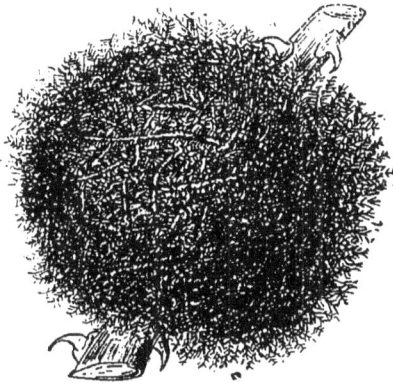

Fig. 46. — Galle moussue du rosier, ou bédéguar.

de celle qui les a produites, en d'autres termes, par des locataires.

Les rapports des locataires avec les véritables propriétaires des galles sont très variables.

Tantôt, la larve primitive est tuée ou périt par la faim, l'œuf étranger éclosant avant elle et, par suite, prélevant une large part de l'amidon de la galle ; tantôt, au contraire, toutes les larves entretiennent des relations de bon voisinage, restent chacune chez soi, les étrangères se creusant des loges dans l'enveloppe, tandis que le cynips continue d'occuper la cavité centrale.

Très souvent des ichneumons, en quête de pâture, piquent de leur tarière les larves qui habitent les galles, qu'elles soient propriétaires ou locataires, et, dans ce cas, c'est le parasite du deuxième degré qui sort de la galle, où il a trouvé un abri qui lui a évité la peine de se tisser une coque, et en outre copieuse nourriture.

Remarquons toutefois que la larve de l'ichneumon ne dévore en aucune manière le tissu de la galle, mais se contente de la substance graisseuse de l'habitant primitif, auquel elle s'est substituée avec ce sans-gêne qui s'autorise du droit du plus fort.

VIII

LES PAPILLONS

« Voyez le papillon : c'est moins un animal à part que la floraison d'un autre animal. Le papillon est un âge du vermisseau comme la fleur est un moment passager de la plante. Une créature peu douée en apparence, peu riche de vie et de conscience, condamnée, vous le diriez, à ne représenter, dans la nature, que la laide et pâle existence, à faire nombre et à remplir un des vides de l'échelle infinie, s'éveille tout à coup. L'insecte lourd et rampant devient ailé, idéal ; sa vie est tout aérienne ; être de terre, pétri de grossières humeurs, il devient hôte de l'air et fils du jour..... Tout est d'or à ses yeux, tout nage pour lui dans cette atmosphère embrasée qui fait la beauté des choses. Heureux être ! il s'épanouit à son heure, il rejette sa lourde robe de bure ; il s'enivre, il mène durant quelques moments la plus céleste des vies. Puis il meurt. Il ne fleurit que pour mourir. Sitôt qu'il a pu assouvir sa soif, sitôt qu'il a bu sa pleine coupe de joie, il se dessèche. Court et brillant éclair, fleur d'un jour, salut à toi, ô bien-aimé de Dieu, ô toi dont la vie resserre en quelques heures ces trois moments divins : fleurir, aimer, mourir ! »

Si nous étions poète, sans doute pourrions-nous rivaliser de lyrisme avec l'auteur de *Caliban* pour dépeindre, en un style coloré et enthousiaste, ces brillantes fleurs animées qu'on appelle les papillons et dont le vol capricieux introduit un élément de gaîté dans la monotonie des paysages.

Mais notre plume ne saurait atteindre à ces hauteurs, où peuvent seuls planer quelques esprits d'élite, et nous n'avons pas d'ailes pour nous élever au-dessus des conceptions scientifiques, plus attachées à la terre que les envolées hardies de la poésie.

Peut-être est-ce pusillanimité; mais il nous semble qu'en dehors des faits, le terrain se dérobe sous nos pas. Et c'est pourquoi, incapable de les chanter, nous nous bornerons à tracer, par quelques lignes générales, l'histoire naturelle des papillons.

Il y en a d'ailleurs qui trouvent que la réalité est de beaucoup plus merveilleuse que les plus brillants rêves de l'imagination.

Avant cette métamorphose qui en fait des êtres si gracieux, si élégants, pastels vivants où les couleurs les plus tranchées se mêlent sans blesser l'œil, les papillons, les lépidoptères, pour employer le langage de la science, ont passé par un état bien plus humble, bien plus obscur, où ils étaient semblables à un ver, et où ils représentaient une larve.

Cette larve était sortie d'un œuf.

Les œufs sont pondus par les mères, en nombre variable selon les espèces, dans les endroits les plus propres à les abriter et à faciliter leur éclosion. Il en est chez lesquelles le sentiment maternel est à ce point développé qu'elles s'arrachent les poils de leur abdomen pour en faire une bourre soyeuse sous laquelle le cher dépôt pourra impunément braver les rigueurs de l'hiver.

D'autres déversent sur leurs œufs un liquide épais qui, en se desséchant, forme une sorte de croûte vernissée inaccessible à la pluie. Une très petite espèce, appartenant au genre *bothys*, et dont la larve vit sur les plantes aquatiques, enveloppe ses œufs d'une matière gélatineuse analogue au frai des grenouilles.

Les œufs sont pondus ou isolément, ou par tas irrégu-

liers, ou en séries, pressés les uns contre les autres, ou
encore en anneaux autour des branches.

Fig. 47. — Ponte de Liparis, recouverte
par la mère d'une bourre soyeuse.

Fig. 48. — Ponte de Bombyx.

Leur forme est très variable ; ils peuvent être ou globuleux et sensiblement sphériques, ou en courts bâton-

Fig. 49. — Ponte de *Bombyx neustria*.

nets, ou semblables à de petites bouteilles, ou coniques,
ou encore plats sur une face et convexes sur l'autre.

Leur nombre aussi varie considérablement avec les

espèces ; mais d'une manière générale on peut dire que la ponte est moins abondante chez les diurnes que chez les nocturnes. Le ver à soie pond environ cinq cents œufs ; le cossus ligniperde, mille ; l'écaille, seize cents.

Quelle que soit leur forme, toujours ils présentent à l'un de leurs pôles une fossette au fond de laquelle est placée une petite ouverture, qu'on nomme *micropyle.*

Les jeunes larves sortent de leur œuf par des procédés divers. Un des plus remarquables est celui qu'emploie le ver à soie, lorsqu'une chaleur suffisante vient l'animer du désir de vivre.

Fig. 50. — Œufs de Bombyx (grossis).   Fig. 51. — Œufs de Dicranura (grossis).

A l'intérieur de son œuf, le micropyle est continué par une saillie creuse, une sorte de mamelon couronné par un bouton. La jeune chenille brise ce bouton avec ses mandibules, puis élargit avec sa tête le trou ainsi fermé, et prend le large.

Les chenilles sont des bêtes généralement propres, soigneuses d'elles-mêmes, et leur reptation ne se fait pas absolument sans grâce. Et cependant, beaucoup de personnes les trouvent hideuses, et s'en éloignent comme d'un objet repoussant.

Il y en a même qui vont, ne se contentant pas de leur reprocher leur laideur, jusqu'à les accuser d'être venimeuses.

Ceci est une erreur. Il est bien vrai qu'on a pu empoisonner des oiseaux en les forçant à manger des larves du sphinx de l'euphorbe ; mais si l'on veut bien considérer que ces larves vivent sur une plante vénéneuse, on sera

obligé de reconnaître que leurs méfaits doivent être impu-
tés aux propriétés malfaisantes du végétal qui les
nourrit.

D'ailleurs, cet inconvénient que peuvent présenter certaines chenilles n'a aucune importance pour l'homme ;
car jusqu'à présent on n'a pas pris l'habitude de servir sur
nos tables, accommodées à une sauce quelconque, des
larves de papillons. Il paraît cependant que les Chinois
mangent le bombyx du mûrier ; mais cette espèce ne vit
pas sur une plante vénéneuse.

Chacun des trois segments qui constituent le thorax de la
chenille porte une paire de pattes, dites écailleuses, qu'on
retrouvera seules dans le papillon. Elles sont évidemment
ambulatoires, c'est-à-dire qu'elles aident à la marche ;
mais la chenille les utilise surtout pour grimper le long
des branches et pour se cramponner aux feuilles.

Ordinairement, les pattes écailleuses sont d'égale longueur. Il y a cependant à ce point de vue des exceptions,
et la bizarre chenille de la harpyie du hêtre en fournit un

Fig. 52. — Chenille de la Harpyie du hêtre.

remarquable exemple. Dans cette espèce, la première paire
est normale ; mais les autres sont très allongées, très
grêles, et en aucune manière propres à la marche.

L'abdomen porte des fausses pattes, qui ne se retrou-
vent plus chez l'adulte, et qui sont généralement en forme
de gros tubercules à base circulaire ayant une certaine

analogie, toutes proportions gardées, avec un pied d'éléphant. Dans beaucoup d'espèces, ces pattes sont munies d'une couronne de crochets.

Quand une chenille a cinq paires de fausses pattes, le dernier segment en porte toujours une, et les quatre autres sont attachées aux sixième, septième, huitième et neuvième anneaux.

Chez les chenilles dites demi-arpenteuses, qui n'ont que trois paires de fausses pattes, le dernier segment en portant une, les deux autres s'insèrent aux huitième et neuvième.

Les véritables arpenteuses n'ont que deux paires de fausses pattes, une sur le neuvième segment, l'autre sur le dernier. Elles ont été ainsi appelées, comme nous en avons déjà fait la remarque, parce que, dans leur marche singulière, elles semblent mesurer l'espace. En effet, elles relèvent le milieu de leur corps de manière à former une boucle, puis s'allongent, se replient à nouveau, et progressent en répétant indéfiniment le même procédé.

Les chenilles, quelquefois lisses et glabres, offrent au contraire dans certaines espèces des appendices variables, des verrues, des épines, des brosses ou des pinceaux de poils.

La larve du *dicranula vinula* porte sur le premier anneau un prolongement charnu divisé à son extrémité en deux branches dont chacune se termine par un bouton qui laisse transsuder, quand on inquiète l'insecte, un liquide caustique, volatile, de nature à blesser les yeux s'il y pénètre. Le dernier segment est muni de deux filets, véritables fouets qui servent à chasser les ichneumons.

Entre le premier segment et la tête, chez la chenille de notre papillon machaon, existe aussi un appendice charnu divisé en deux branches, et semblable à un Y. Ces branches font saillie lorsque la larve est menacée de quelque danger, et laissent suinter un liquide odorant analogue à l'acide butyrique.

Beaucoup de chenilles sont armées d'épines. La larve du
cerocampa regalis, espèce de l'Amérique du Nord, se fait
remarquer, outre sa taille véritablement gigantesque, par

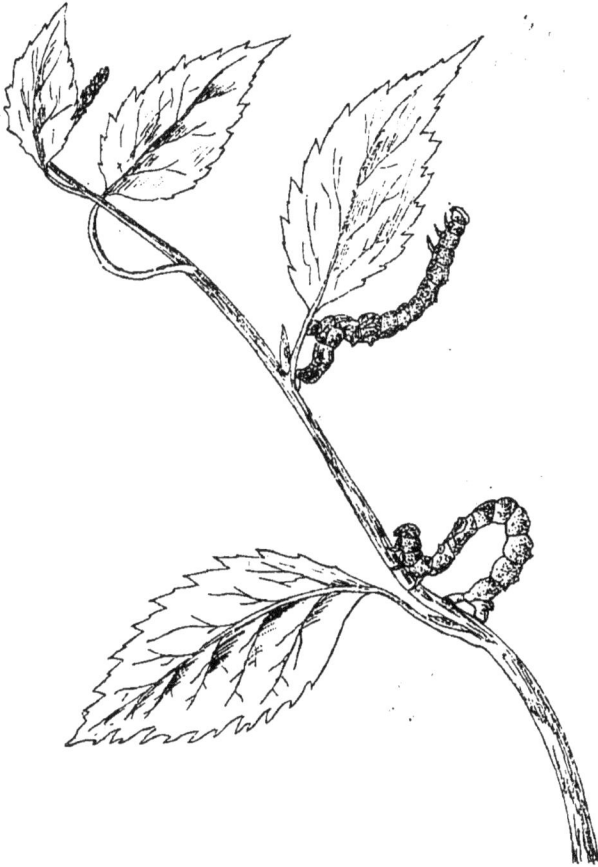

Fig. 53. — Chenille arpenteuse d'*Ennomos*.

sept ou huit grandes épines longues d'un pouce, qui se
dressent à la partie postérieure de ses anneaux.

Ordinairement, les épines des chenilles sont rétractiles,
c'est-à-dire peuvent rentrer dans des tubercules d'apparence inoffensive, mais d'où elles sortent brutalement au
moindre contact, pénétrant dans l'épiderme des doigts qui
les touchent sans précaution.

Beaucoup de chenilles sont munies de poils, quelquefois

8

même très longs, au point que le corps disparaît sous la soyeuse villosité qui le recouvre. Ces poils ne sont pas d'ordinaire malfaisants. Mais il y a des espèces où la glande sur laquelle ils sont implantés secrète un venin caustique, chez la processionnaire du chêne, par exemple ; ces poils, qui sont des tubes très fins, en se brisant, laissent écouler le liquide brûlant dont ils sont remplis, et peuvent causer des douleurs vives ; ils produisent le même effet que les petits aiguillons de l'ortie, si difficile à manier.

Poils, verrues, tubercules sont autant de moyens mis à la disposition des chenilles pour échapper aux attaques de leurs ennemis, soit qu'ils leur donnent un aspect repoussant, soit qu'ils constituent une réelle défense, capable de tenir l'adversaire en respect.

Un certain nombre d'espèces, très peu favorisées à ce point de vue, suppléent aux ornements défensifs, aux

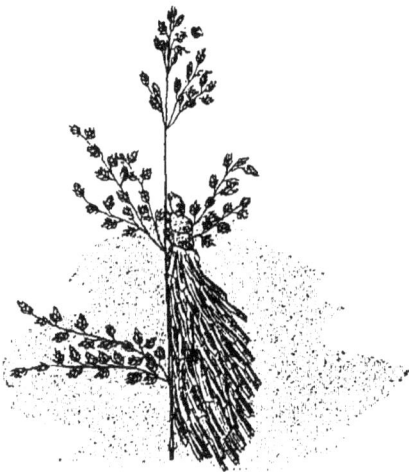

Fig. 54. — Chenille de Psyché, se fabriquant un étui avec de petits morceaux de feuilles.

armes qui leur manquent, par une ruse qui leur donne en apparence ce qu'elles n'ont pas. Elles se confectionnent, avec des brins d'herbe, de menues, de très menues branches, des fragments d'écorces, des feuilles

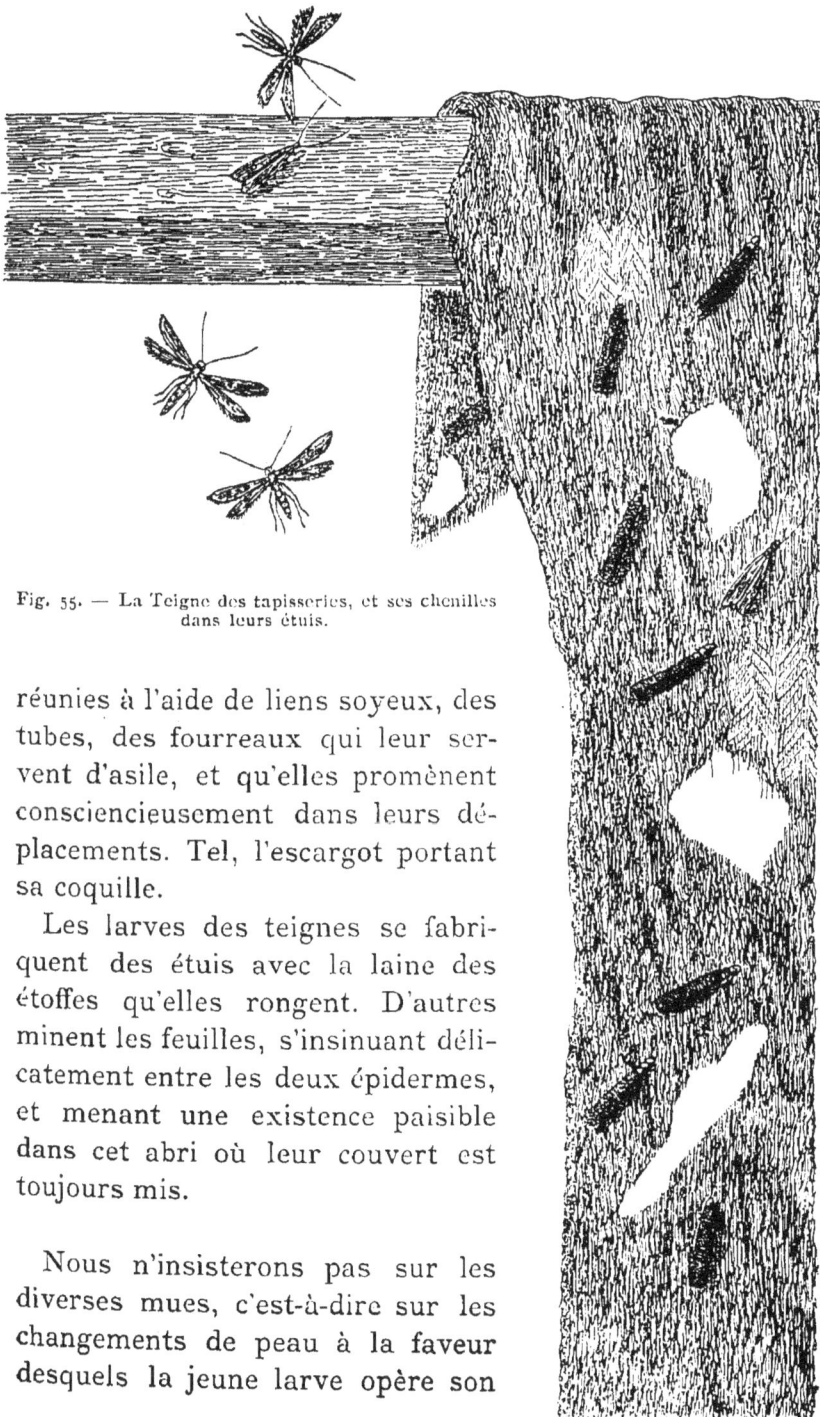

Fig. 55. — La Teigne des tapisseries, et ses chenilles
dans leurs étuis.

réunies à l'aide de liens soyeux, des
tubes, des fourreaux qui leur servent d'asile, et qu'elles promènent
consciencieusement dans leurs déplacements. Tel, l'escargot portant
sa coquille.

Les larves des teignes se fabri-
quent des étuis avec la laine des
étoffes qu'elles rongent. D'autres
minent les feuilles, s'insinuant délicatement entre les deux épidermes,
et menant une existence paisible
dans cet abri où leur couvert est
toujours mis.

Nous n'insisterons pas sur les
diverses mues, c'est-à-dire sur les
changements de peau à la faveur
desquels la jeune larve opère son

accroissement. Nous avons donné une idée suffisante
du phénomène dans le chapitre de ce livre relatif à la
métamorphose.

Arrivons tout de suite à la dernière mue, celle au-delà
de laquelle la chenille va devenir une nymphe, une
chrysalide. Nous ferons au préalable remarquer que
ce mot chrysalide vient du grec *chrysos*, or, par allusion
aux taches dorées que présentent souvent les nymphes des
lépidoptères.

De-ci de-là, la chenille a trouvé assez de nourriture pour
parvenir à son complet développement. Son activité alors
se ralentit ; elle cesse de manger, et demeure presque
immobile, comme en proie à une vague inquiétude. Ses couleurs s'effacent ; elle devient livide, incolore ; l'épiderme se
plisse, se contracte ; toutes les parties du corps se
rapetissent. C'est la métamorphose qui commence.

Pour l'opérer, la chenille a choisi une retraite où elle
subira en sûreté la crise : les unes s'attachent à une
feuille ; d'autres se lient à une tige ; d'autres, plus pru-
dentes, plus défiantes, vont se mettre à l'abri sous une
saillie de muraille, dans une crevasse d'écorce. Beaucoup
se tissent un cocon soyeux, qui les protègera à la fois
contre la pluie et contre le froid : ainsi, le ver à soie, bien
connu de tous, car il est peu d'écoliers qui ne l'aient élevé
dans leur pupitre. Il en est encore qui s'enfouissent dans
la terre, où rien n'ira troubler leur quiétude.

En réalité, la nymphose est un moment critique.
Voulez-vous savoir comment elle s'accomplit ? Brehm
va nous donner une idée très suffisante du phénomène :

« Une chenille se fixe par son extrémité à une branche,
à un tronc ou à quelque autre objet voisin ; sa face ventrale
s'incurve, ses cinq anneaux antérieurs s'élèvent de plus
en plus, et la tête se dresse verticalement. Celle-ci semble
s'amincir et saillir davantage à mesure que le corps renfle
insensiblement ; à force de se tortiller, la chenille finit
par fendre sa peau sur le dos, et la partie antérieure de la
nymphe apparaît. En se gonflant et en avançant, celle-ci

fait éclater la peau de la chenille, qui cède jusqu'à la
dernière paire de pattes. Pour éviter que cette peau,
qui la soutient, ne tombe à terre, elle saisit alors entre
deux anneaux de son abdomen, qu'elle imbrique l'un
sur l'autre, et dont elle se sert comme d'une pince, la
peau sur le point de céder; elle s'étire, saisit la peau
entre les deux anneaux suivants, et grimpe ainsi régu-
lièrement le long de ce revêtement qui l'entourait, jusqu'à

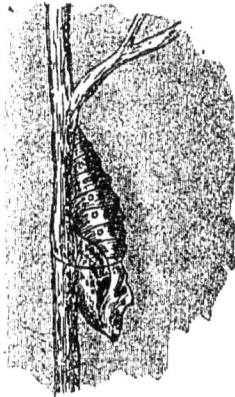

Fig. 56. — Chrysalide de la Piéride du chou.

ce que son extrémité caudale arrive à la gaine tissée jadis
par les pattes anales. Là elle introduit son extrémité
abdominale, et demeure fixée à la peau de la chenille à
l'aide d'ardillons invisibles. La pupe ne se tient pas encore
pour satisfaite, et, ne voulant pas tolérer cette membrane
auprès d'elle, elle ploie son corps en forme d'S, de façon
à ce qu'il touche l'ancienne peau, puis se met à pivoter
comme une toupie de droite et de gauche, jusqu'à ce
qu'elle ait expulsé cette dépouille. »

Le mode d'attache des chrysalides à leur support
présente quatre variétés : les unes sont simplement
suspendues, c'est-à-dire fixées par l'extrémité postérieure
de leur corps; d'autres sont *succintes*, c'est-à-dire main-
tenues avec un fil; d'autres sont *enroulées*, c'est-à-dire

abritées entre des feuilles auxquelles elles s'attachent par un réseau soyeux ; d'autres enfin sont enfermées dans un cocon que la chenille a filé.

Dans la plupart des cas, la chrysalide offre une forme arrondie, allongée, avec l'une de ses extrémités plus ou moins conique. En cet état, et en raison de sa couleur qui est très souvent brune ou obscure, elle ressemble un

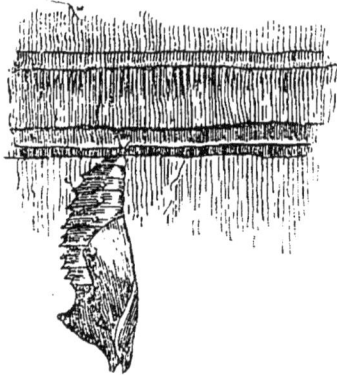

Fig. 57. — Chrysalide de Vanesse.

peu à une *fève*, et c'est sous ce nom que la désignaient généralement les anciens auteurs.

Les chrysalides des papillons de jour sont moins arrondies, et présentent au contraire des saillies, des dents anguleuses. Très souvent elles sont ornées de taches métalliques, argentées ou dorées, qui sont simplement dues à l'interposition, entre les membranes de leur enveloppe, d'une mince couche d'air.

Les nymphes des papillons ne sont pas absolument immobiles. Elles peuvent agiter leurs anneaux abdominaux, et donner à ces mouvements assez d'amplitude pour qu'ils autorisent une véritable reptation. Ainsi, dans les espèces qui vivent leur premier état à l'intérieur du bois, les chrysalides cheminent jusqu'à l'orifice de sortie, par lequel l'adulte prendra son essor. Et il est nécessaire que l'éclosion n'ait pas lieu, en pareil cas, au point où s'est opérée la métamorphose ; car, dans son trajet jusqu'au

trou qui est pour lui la clef des champs, le papillon aurait
le temps de détériorer le revêtement écailleux et fragile de
ses ailes.

Les chrysalides, plus que les chenilles, ont une vitalité
qui résiste dans une large mesure aux agents de destruction. On en a souvent observé qui, complètement gelées
pendant l'hiver, n'en donnaient pas moins naissance,
au printemps, à des papillons bien vivants et bien constitués. On a vu des papillons sortir en état de parfaite
santé de chrysalides traversées par une épingle.

Assistons maintenant à l'éclosion, à ce phénomène
prestigieux qui d'une chose grossière, informe, presque
inerte, va faire un être léger, gracieux, brillant, ailé,
dont l'existence se passe à échanger des caresses avec
les fleurs, plus attachées que lui à la terre.

Voici l'heure de la délivrance ; la prison ouvre ses
portes. L'enveloppe de la chrysalide se fend en long
sur le dos du thorax, et cette fente va passer entre les
gaines des antennes, pour se continuer en dessous.

Par cette ouverture, le papillon se dégage peu à peu,
patte à patte, on pourrait dire, et finalement, grâce à
de laborieux efforts, abandonne sa dépouille de nymphe.

Il fait son entrée dans ce monde, où il va conquérir une
royauté éphémère. Avouons-le : cette entrée n'a rien
de triomphal. Le jeune papillon se trouve timide devant
l'espace qui l'invite, et, comme les esclaves qui, délivrés
de leurs liens, ne savent que faire de leur liberté, il hésite
à déployer ses ailes.

Mais il prend bientôt assurance. Il commence à secouer,
à agiter ses moignons d'ailes, il les force peu à peu à
s'étendre, à s'étaler ; il se débarrasse du liquide qui le
couvre, se sèche, se lisse ; le sang afflue dans les nervures,
donnant de la rigidité aux ailes.

Les espèces qui se filent un cocon ont un travail supplémentaire à exécuter avant de pouvoir s'envoler : il s'agit de
briser l'enveloppe soyeuse à l'intérieur de laquelle la méta-

morphose s'est opérée en paix. Les unes amollissent avec
leur salive les matériaux qui ferment l'extrémité du
cocon correspondant à la tête, afin de pouvoir écarter
les fils que réunit une sorte de gomme; les autres sou-
lèvent tout simplement un couvercle, un opercule qu'elles
ont eu la prévoyance de réserver, tandis qu'elles se con-
fectionnaient leur cocon.

Sortis de leur chrysalide, les papillons rejettent ordinairement un liquide plus ou moins épais, de coloration
variable, qui était contenu dans leur intestin. Chez certaines vanesses, ce liquide offre une teinte rouge analogue
à celle du sang; et les taches qui en résultent, par hasard
répandues en abondance le long des murs ou des pierres,
ont quelquefois inspiré, aux populations des campagnes,
une terreur superstitieuse.

« Les historiens, écrit à ce sujet Réaumur, nous rapportent les pluies de sang parmi les prodiges qui ont effrayé
des nations, qui ont annoncé de grands évènements, des
destructions de villes considérables, des renversements
d'empires. Vers le commencement de juillet de l'année
1608, une de ces prétendues pluies de sang tomba dans
les faubourgs d'Aix, et à plusieurs milles des environs.
Elle nous eût été apparemment transmise pour être réelle
et pour un grand prodige, si Aix n'eût eu alors un philosophe qui, embrassant tous les genres de connaissances,
ne négligeait pas d'observer les insectes : c'est
M. de Peiresc, dont nous avons la vie écrite par un autre
grand philosophe, par Gassendi. Cette vie est remplie
d'un très grand nombre d'observations curieuses. Entre
celles que M. de Peiresc fit en 1608, la cause de
la prétendue pluie de sang est celle qui a plu davantage
à M. Gassendi; aussi est-elle très belle.

« Le bruit de cette pluie se répandit à Aix vers le commencement de juillet, les murs d'un cimetière voisin de
ceux de la ville et surtout les murs des villages et des
petites villes des environs étaient tachés de larges gouttes
couleur de sang. Le peuple et quelques théologiens les regar-

dèrent comme l'ouvrage des sorciers ou du diable même.
Des physiciens, qui attribuèrent cette prétendue pluie à
des vapeurs qui s'étaient élevées d'une terre rouge, en donnaient une cause plus naturelle, mais qui ne fut pas encore
du goût de M. de Peiresc. Une chrysalide, que la grandeur
et la beauté de sa forme l'avaient engagé à renfermer dans
une boîte, lui en fournit une meilleure cause. Le bruit qu'il
entendit dans la boîte l'avertit que le papillon y était éclos.
Il l'ouvrit, le papillon s'envola après avoir laissé sur le
fond de cette même boîte une tache rouge de la grandeur
d'un sol marqué. Les taches rouges qui se trouvaient sur les
pierres, soit à la ville, soit à la campagne, parurent à
M. de Peiresc semblables à celle du fond de la boîte, et il
pensa qu'elles pouvaient de même y avoir été laissées par
des papillons. La multitude prodigieuse de papillons qu'il
vit voler en l'air dans le même temps le confirma dans cette
idée; un examen plus suivi acheva de lui en montrer la
vérité. Il observa que les gouttes de la pluie miraculeuse
ne se trouvaient nulle part dans le milieu de la ville, qu'il
n'y en avait que dans les endroits voisins de la campagne;
que ces gouttes n'étaient point tombées sur les toits, et,
ce qui était encore plus décisif, qu'on n'en trouvait pas
même sur les surfaces des pierres qui étaient tournées
vers le ciel; que la plupart des taches rouges étaient dans
les cavités contre la surface intérieure de leur espèce de
route, qu'on n'en trouvait point sur les murs plus élevés
que les hauteurs auxquelles les papillons volent ordinairement.

« Ce qu'il vit, il le fit voir à plusieurs curieux, et il établit
incontestablement que les prétendues gouttes de sang
étaient des gouttes de liqueur déposées par des papillons.
C'est à cette même cause qu'il a attribué quelques autres
pluies de sang rapportées par les historiens et arrivées à
peu près dans la même saison, entre autres une pluie dont
parle Grégoire de Tours, tombée du temps de Childebert
dans différents endroits de Paris et dans une certaine
maison du territoire de Senlis; et aussi une autre pluie de

sang tombée vers la fin de juin, sous le règne du roy Robert. »

Cette relation historique nous en rappelle une autre, à laquelle nos lecteurs ne pourront manquer de s'intéresser. Il s'agit encore des papillons, mais à un point de vue différent, celui des ravages qu'ils peuvent causer à l'état de chenilles, et d'un moyen prohibitif que l'on opposait, du xi{sup} au xviii{sup} siècle, à ces ravages.

De nos jours, on prescrit l'échenillage. Au moyen-âge, où les dégâts causés par les insectes offraient souvent les proportions d'un véritable désastre, on les jugeait comme des criminels, et on avait recours, pour les punir, aux rigueurs des lois.

Nos pères, persuadés que les animaux, en nous nuisant, agissaient sciemment, leur faisaient porter la responsabilité de leurs méfaits ; ils leur intentaient des procès, au civil et au criminel.

Au préalable, cependant, et avant d'instrumenter, ils leur proposaient un arrangement à l'amiable, et ne les condamnaient pas sans leur offrir une compensation. On citait les coupables devant les tribunaux, et on les faisait juger avec toutes les formes nécessaires.

Notre époque sceptique aurait tort de rire de la singularité d'une telle procédure ; elle se trouve pleinement d'accord avec les idées du temps, qui n'admettaient pas qu'un crime, quel qu'il fût, volontaire ou non, pût rester impuni. Il y avait là une notion rigide de la justice, qui infligeait un châtiment à tout coupable, même inconscient.

La manière de procéder variait un peu, dans ces actions intentées aux bêtes, suivant la nature de l'animal. Pouvait-il être appréhendé au corps : on le traduisait devant le tribunal compétent, et il venait en personne entendre le réquisitoire et l'arrêt.

S'il s'agissait au contraire d'animaux impossibles à saisir ou contre lesquels on n'avait aucun moyen efficace de répression, — les chenilles rentrent dans ce cas, — on les déférait à la justice ecclésiastique. Et l'affaire suivait alors son cours comme un véritable procès. Les juges entendaient le réquisitoire des plaignants, c'est-à-dire des habitants de la localité infestée, puis le plaidoyer des défenseurs de l'accusé.

Et finalement ils rendaient leur sentence, qui, dans la plupart des cas, concluait à l'expulsion des délinquants, et à leur excommunication pour le cas où ils se refuseraient à obéir. Toutefois on n'en arrivait à cette grave extrémité qu'après avoir essayé en vain tous les moyens de conciliation, si, par exemple, les insectes ne se laissaient pas toucher par une admonestation comme celle-ci :

« Tu es une créature de Dieu, je te respecte. La terre t'a été donnée comme à moi, je dois vouloir que tu vives. Cependant tu me nuis, tu empiètes sur mon héritage, tu détruis ma vigne, tu dévores ma moisson, tu me prives du fruit de mes travaux. Peut-être ai-je mérité ce qui m'arrive, car je ne suis qu'un malheureux pécheur. Quoi qu'il en soit, le droit du fort est un droit inique. Je te montrerai tes torts, j'implorerai la divine miséricorde, je t'indiquerai un lieu où tu puisses subsister ; il faudra bien alors que tu t'en ailles ; et si tu persistes, je te maudirai. »

Admonestations et sentences étaient, bien entendu, proclamées à son de trompe dans tout le pays, par le crieur public. L'arrêt était presque toujours un ordre intimé aux délinquants d'avoir à quitter la région qu'ils dévastaient pour se retirer dans un canton inculte, parfois désigné, où ils ne pouvaient nuire à personne.

Berryat Saint-Prix a relevé à peu près tous les procès qui furent intentés aux animaux depuis le xiie jusqu'au xviiie siècle, et a donné le texte de plusieurs sentences, ainsi que le compte des frais de procédure et d'exécution du jugement.

En 1120, une excommunication fut prononcée contre les chenilles par l'évêque de Laon. En 1543, le conseil de la ville de Grenoble forma contre les chenilles une demande

d'excommunication. En 1585, au témoignage de Chorier,
un procès fut intenté aux chenilles du diocèse de Valence,
et le grand vicaire, après avoir fait citer les chenilles et
leur avoir donné un procureur pour les défendre, rendit
un arrêt qui expulsait les insectes du diocèse.

Fig. 58. — Tête de papillon.

De même, en 1690, les chenilles d'un canton de l'Auvergne
furent traduites devant le juge de ce canton, qui leur
nomma un curateur; la cause fut contradictoirement
plaidée, et une sentence, en date du 13 juin, enjoignit aux
chenilles de vider les lieux immédiatement.

Nous n'insisterons pas sur les différences anatomiques
qui séparent le papillon de la chenille; elles sont trop connues de quiconque a pris la peine de comparer ces deux

états du même insecte. Nous appellerons seulement l'attention sur cette transformation très remarquable qu'ont subie les pièces de la bouche, devenue une trompe plus ou moins longue susceptible de s'enrouler.

Les brillantes couleurs dont sont ornées les ailes des lépidoptères ne sont en aucune manière dues à une poussière qui serait répandue sur la membrane, mais à des

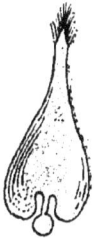

Fig. 59.
Ecaille de la Piéride de la rave.

Fig. 60.
Ecaille de la Macroglosse des stellaires.

Fig. 61.
Ecaille de la Saturnie du poirier.

écailles implantées en séries régulières, écailles microscopiques, bien entendu, et qui affectent les formes les plus diverses.

Il faudrait un gros volume pour passer en revue toutes les espèces de papillons, même en se bornant à celles qui habitent notre pays. Nous nous contenterons d'accorder une rapide mention à celles qui attirent le plus l'attention par leur élégance, leur coloration variée ou brillante, leurs mœurs.

Les plus beaux appartiennent presque tous aux rhopalocères ou diurnes, qui volent pendant le jour, et dont les antennes ont leur sommet dilaté en massue ou en bouton.

Au premier rang se placent les papillons proprement dits, *papilio*, qui se reconnaissent tout d'abord à leurs ailes postérieures prolongées en une sorte de queue. Le machaon, *P. machaon*, est d'un beau jaune tacheté de noir.

Les ailes postérieures offrent inférieurement une large
bande d'un bleu cendré sur fond noir ; à l'extrémité, du
côté interne, on remarque un œil rouge. La chenille est
d'un vert tendre avec des bandes de velours noir rehaussé

Fig. 62. — *Papilio machaon.*

de points rouges. On la trouve en mai et en septembre sur
diverses ombellifères, en particulier sur le fenouil et la
carotte.

Le flambé, *P. podalirius,* a les ailes d'un jaune plus pâle,
avec des bandes noires transversales, qui simulent des
flammes ; l'œil des ailes postérieures est noir, rouge et
bleu. La chenille est verte ou jaune, avec des points rouges
et des lignes jaunâtres sur le dos. Elle vit sur le pêcher, le
prunellier et l'amandier.

Les *thais,* de taille moyenne, ont les ailes postérieures jaunes tachées, marquetées de noir et de rouge. On trouve fréquemment, dans le midi de la France, la *T. medesicaste,* qui a 45 millimètres d'envergure ; ses ailes antérieures sont

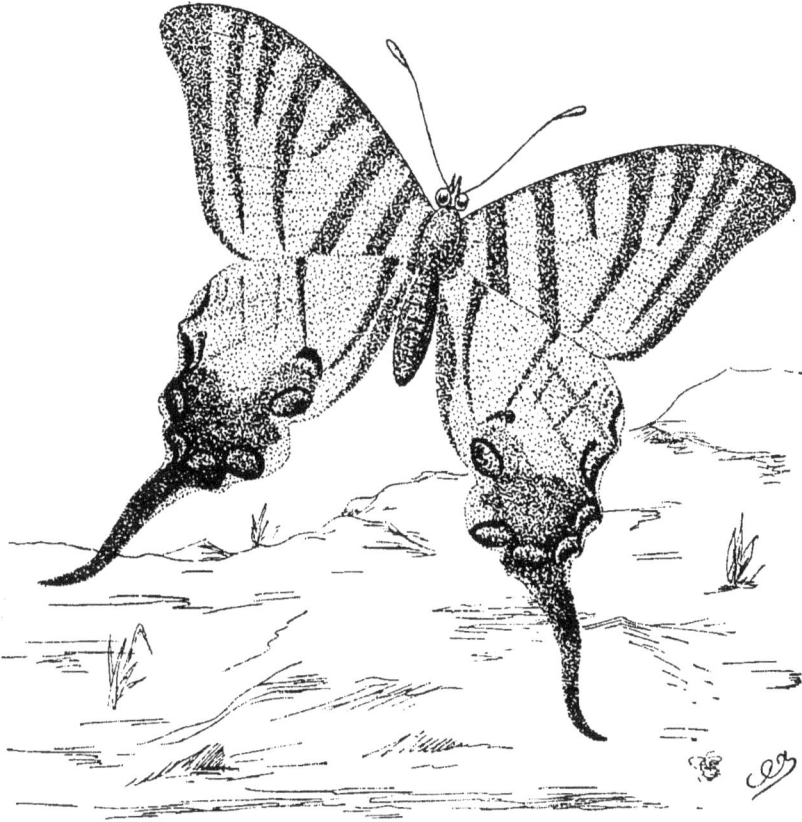

Fig. 63. — *Papilio podalirius.*

bordées de deux lignes brunes, dont l'extérieure est festonnée ; les postérieures ont une bordure de taches rouges réunies entre elles par du noir.

Les piérides ont pour type le papillon blanc du chou, *pieris brassicæ,* d'envergure moyenne, et qui est peut-être le papillon le plus commun ; il n'hésite pas à s'engager dans le dédale des rues des villes, où la moindre fleur, sur l'appui d'une fenêtre ou sur un balcon, attire sa visite. On

le reconnaît à ses ailes presque entièrement blanches, les
antérieures ayant le sommet noir, les postérieures marquées d'une tache noire au bord interne.

Sa chenille est d'un jaune verdâtre, avec la tête bleue
piquetée de noir, et trois raies sur le dos, jaunes, séparées
par des tubercules noirs. Elle vit sur les choux, les capu-

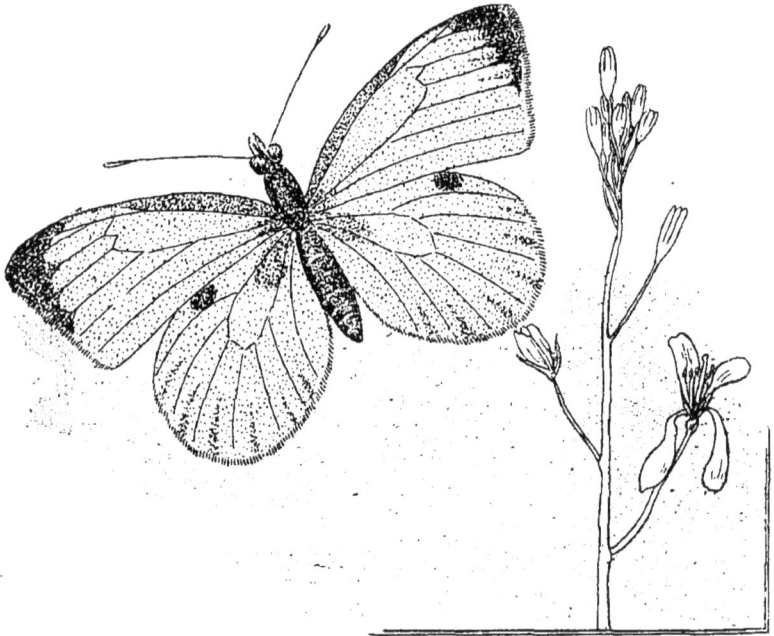

Fig. 64. — *Picris brassicæ.*

cines, et cause parfois des dégâts très appréciables dans
les potagers. Voici un cas curieux où les chenilles de la
piéride se sont montrées assez abondantes en un même
point pour provoquer un accident des plus singuliers.

L'histoire se passe en 1854. Un train qui allait de Brünn
à Prague se ralentit soudain, au sortir d'un tunnel, et
sans qu'aucune cause apparente pût expliquer le fait,
après avoir patiné sur place, s'arrêta complètement. Les
voyageurs, intrigués, mirent pied à terre.

« Je constatai alors, dit M. Dohrn, témoin oculaire de
l'accident, la cause la plus incroyable et la plus imprévue

qui ait jamais arrêté un train en pleine marche. Ce que
n'auraient pu produire ni un éléphant, ni un buffle, à
moins de faire dérailler le train par dessus leurs corps mis
en pièces, était l'œuvre de l'infime chenille du *pieris brassicæ*. A gauche de la voie se trouvaient des champs, où
les troncs de choux 'dévorés dénotaient suffisamment le

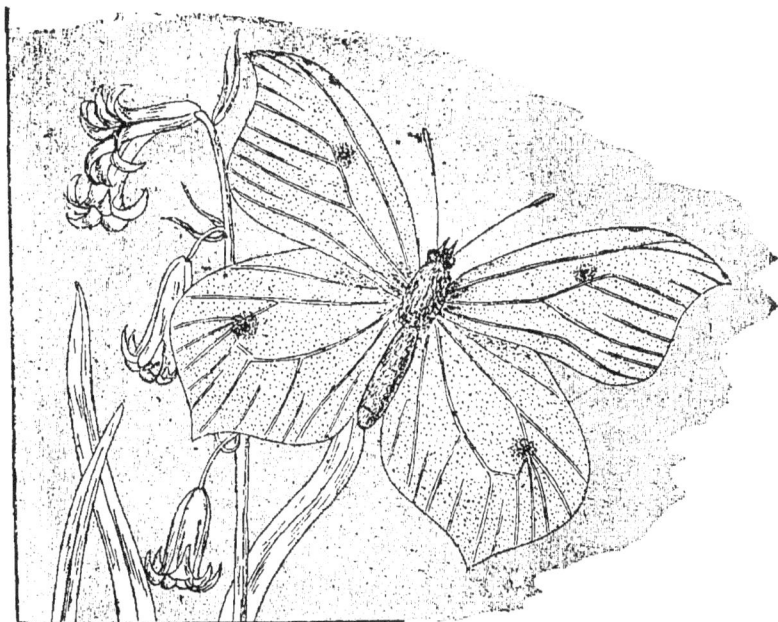

Fig. 65. — *Rhodocera rhamni.*

travail destructeur de ces chenilles. A quelque distance
de la voie, du côté droit, s'étendaient d'autres plants de
choux ornés encore de leur feuillage intact.

« Un conseil tenu par ces chenilles venait de décider,
à l'unanimité, d'appliquer la maxime : *ubi bene, ibi patria,*
et d'échanger le petit duché étroit situé à gauche des rails
contre le grand duché qui s'étendait à droite.

« Le résultat de cette décision fut, qu'au moment où
notre train déboucha à toute vitesse du souterrain, les
rails se trouvaient couverts de chenilles sur plus de
deux cents pieds de longueur. Naturellement, sur les dix

9

ou quinze premiers mètres ces malheureuses bêtes furent
en une seconde écrasées brutalement par les roues de la
machine; mais la masse graisseuse de ces milliers de
petits corps adhéra si fortement aux roues que, pendant
la seconde suivante, celles-ci ne trouvaient presque plus
d'adhérence pour avancer. Comme chaque pas en avant
ajoutait par l'écrasement des chenilles une nouvelle couche
de graisse sur les roues, celles-ci se trouvèrent tout à fait

Fig. 66. — *Vanessa atalanta.*

hors de service avant même d'avoir traversé toute la
colonne de marche de larves de piéris. Il fallut bien
dix minutes pour balayer les rails au-devant de la loco-
motive, et nettoyer, avec des torchons de laine, les roues
de la machine et de son tender, de façon à permettre au
train de se remettre en marche. »

Le fait n'est pas banal, avouons-le.

La piéride de la rave, *P. rapæ, petit papillon blanc du
chou,* ne diffère de la grande piéride que par la taille ; la
chenille est verte, pubescente, avec trois lignes jaunes,
dont une sur le dos et deux sur les flancs.

Une espèce voisine, l'*aurore, anthocharis cardamines*, se fait remarquer par ses ailes blanches, les antérieures ornées au sommet d'une large tache d'un rouge orangé, terminée par une bordure noire et blanche. On la trouve

Fig. 67. — *Apatura iris.*

en mai dans les prés, les clairières des bois, et quelquefois aussi dans les jardins.

Les *rhodocera*, ainsi nommés de leurs antennes roses, sont de très jolis papillons aux ailes jaunes, dont la forme est caractéristique. L'espèce la plus répandue est le *citron, R. rhamni,* jaune avec une petite tache orangée au milieu de chaque aile. Elle est très précoce, et tous les ans, au premier printemps, alors que le soleil fait à la terre quelques caresses encore timides, on voit des citrons voltiger dans les bois, cherchant les primevères qui s'ouvrent à peine.

Les vanesses renferment quelques espèces intéressantes, dont les chenilles broutent volontiers l'ortie, et trouvent moyen, avec les sucs puisés dans les tissus de

Fig. 68. — Argynne.

cette plante malfaisante, de se confectionner des ailes de jais, de pourpre et de velours. Tout le monde connaît la *grande tortue, vanessa polychloros,* dont les ailes sont fauves, les supérieures avec sept taches noires, dont trois à la côte ; les quatre ont une bordure noire, et les deux postérieures offrent, dans cette bordure, des croissants bleus.

Tout le monde a pu admirer le *paon-de-jour, vanessa io,*

si reconnaissable aux quatre grands yeux qui ornent ses ailes, et dont on apprécierait davantage la beauté s'il était exotique ou rare. Il aime à se poser sur les chemins exposés au soleil. Le *vulcain, V. atalanta,* est d'humeur plus vagabonde ; on reconnaît cette espèce, qui est très belle aussi, à ses ailes noires, les antérieures marquées vers le sommet de taches blanches et traversées par une bande d'un rouge feu.

Dans les bois voltigent les argynnes, de taille variable, aux ailes plus ou moins fauves, marquées en dessus de taches noires, anguleuses ou arrondies, et en dessous de taches nacrées.

Les petits papillons bleus que l'on rencontre partout dans les champs, sur les chemins, à la lisière des bois, sont des lycènes.

Nous voici arrivés au groupe immense des hétérocères, dont les antennes affectent toutes les formes, sauf celle en bouton.

Au premier rang se placent les sphinx, dont une espèce, la *tête-de-mort, Acherontia atropos,* a parfois inspiré, dans certains pays, une terreur superstitieuse. Ce papillon, parfaitement inoffensif, doit son nom sinistre aux taches noires qui dessinent sur son thorax la figure d'une tête de mort. Il est de taille respectable, et sa chenille est l'une des plus grosses de nos pays. Friand de miel, il n'hésite pas à pénétrer dans les ruches, en dépit des abeilles dont les piqûres ne l'atteignent pas, et il peut à son aise, bien protégé par son épaisse fourrure, satisfaire sa gourmandise.

Nous ne saurions entrer dans le détail des espèces de tous ces papillons plus ou moins crépusculaires, qui sont légion. Force nous est de nous contenter d'accorder une rapide mention aux sésies, qui par leur forme extérieure imitent des guêpes, des abeilles, des cousins, des mouches, mettant à profit cette fallacieuse ressemblance avec des êtres dangereux pour échapper à leurs ennemis ; aux zygènes, reconnaissables à leurs antennes contournées en cornes de bélier, à leurs ailes bleues et rouges ; aux écailles, dont les ailes sont marquées de taches vivement

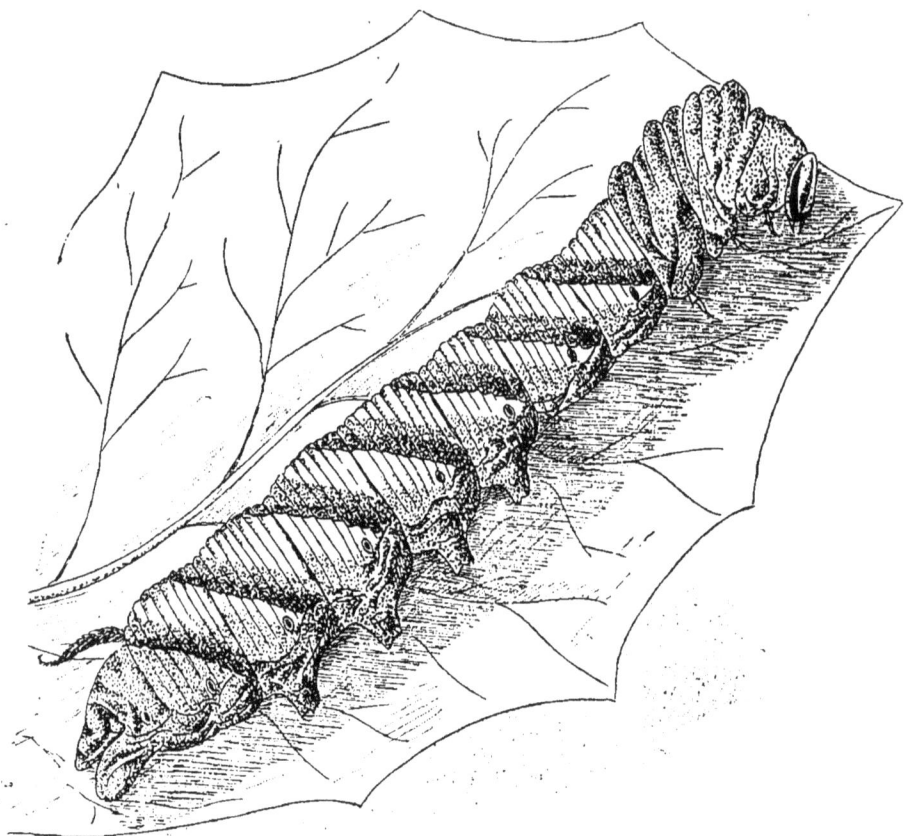

Fig. 69. — Chenille du Sphinx Tête-de-Mort.

colorées, et nettement tranchées ; aux macroglosses, à la trompe démesurée.

Signalons en passant les processionnaires, *Cnetho-campa,* dont les papillons sont assez insignifiants, sans élégance et sans coloration bien éclatante, mais dont les chenilles offrent un trait de mœurs curieux, qui d'ailleurs leur a valu leur nom. Ces chenilles, issues au printemps des œufs pondus par la mère sur les troncs des chênes,

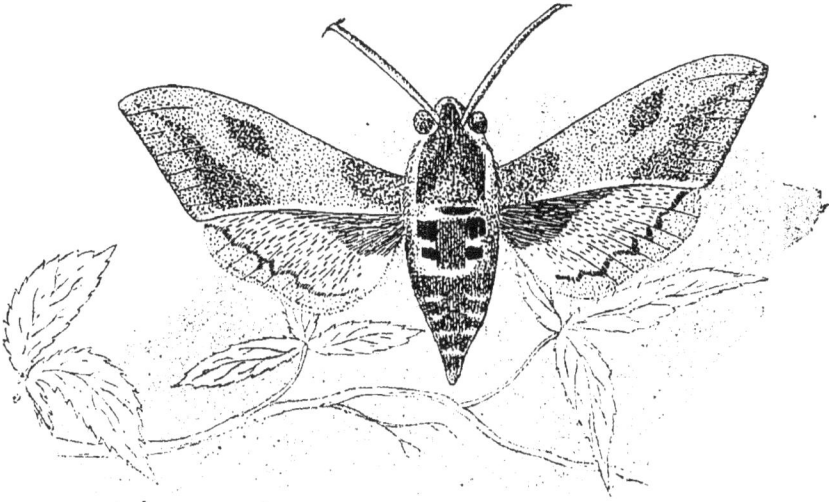

Fig. 70. — *Deilephila euphorbiæ.*

habitent en commun un nid soyeux, qu'elles quittent en

Fig. 71. — Zygène.

longues files, en *processions,* pour aller le soir dévorer les feuilles de l'arbre qui les abrite et des arbres voisins. Elles suivent, dans leurs pérégrinations, un ordre constant qui semble indiquer chez elles un vague sentiment de la discipline. Ecoutons à ce sujet Réaumur, qui les a observées :

Fig. 72. — *Chelonia caja* (Ecaille).

« Je crois qu'il y a une très parfaite égalité entre les habitants de cette république; ils marchent pourtant ayant un chef à leur tête et ils suivent ses mouvements avec autant d'exactitude qu'ils pourraient faire, s'ils l'eussent choisi pour conducteur après avoir reconnu sa capacité. L'heure de sortir du nid étant venue, il y a une chenille qui se met la première en marche, une autre la suit et toutes suivent à la file. Ce n'est pas seulement en sortant de leur nid qu'elles suivent la première qui s'est mise en marche, elles la suivent de même tant qu'elle est en mouvement, elles s'arrêtent toutes quand elle s'arrête, elles attendent pour marcher qu'elle recommence à se mettre en route. Elles vont toujours en espèce de procession,

Fig. 73. — *Macroglossa stellatarum.*

aussi les ai-je nommées des processionnaires ou des évolutionnaires. J'en ai gardé pendant du temps chez moi à la campagne ; j'apportai une branche de chêne qui en était couverte dans mon cabinet, et c'est là où j'ai mieux suivi l'ordre et la régularité de leur marche que je n'aurais pu faire dans les bois. Je me suis amusé avec plaisir à la voir pendant plusieurs jours. J'attachai la branche sur laquelle je les avais apportées contre un des volets d'une de mes fenêtres. Quand les feuilles se furent trop desséchées, quand elles furent devenues trop coriaces pour les dents des chenilles, elles tentèrent d'aller chercher ailleurs de meilleure nourriture.

« Il y en eut une qui se mit en mouvement, une seconde la suivit en queue, une troisième suivit celle-ci et ainsi de suite ; elles commencèrent à défiler et à monter le long du volet, mais étant si proches les unes des autres que la tête de la seconde touchait le derrière de la première.

« La file était partout continue, elle formait un véritable cordon de chenilles sur une longueur d'environ deux pieds ; après quoi la file se doublait, les deux chenilles marchaient de front, mais aussi près de celle qui les précédait que l'étaient les unes des autres celles qui marchaient une à une. Après, quelques rangs de nos processionnaires qui étaient de front. Enfin, il y en avait

Fig. 74. — Les Processionnaires du chêne.

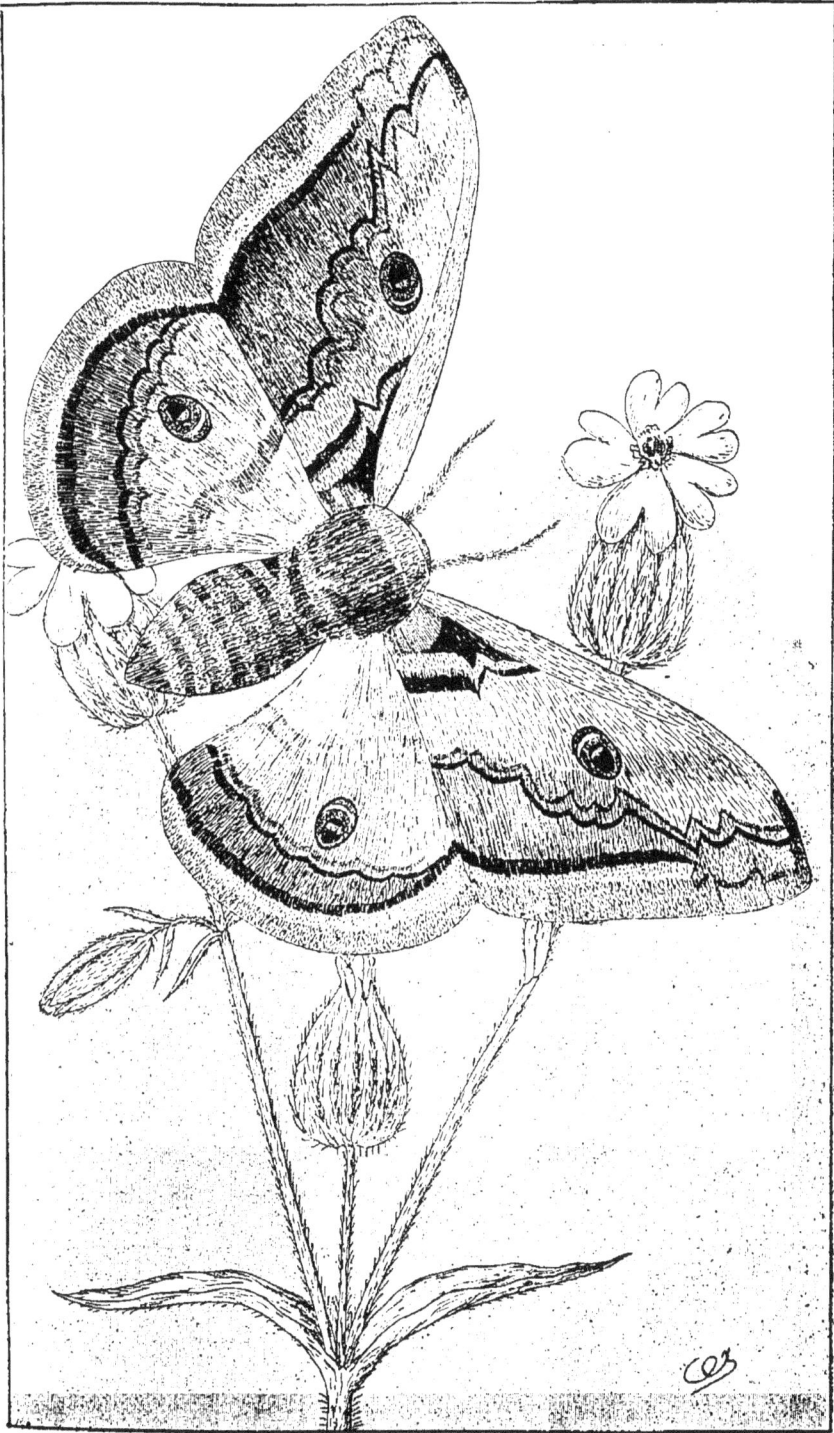

Fig. 75. — Le grand Paon-de-Nuit.

Fig. 76. — *Halias quercana.*

des rangs de cinq, d'autres de six, d'autres de sept, d'autres de huit. »

N'oublions pas le *sericaria mori*, le célèbre ver à soie, dont l'existence et les mœurs sont assez obscures, mais qui emploie à la confection de son cocon un fil à la fois si ténu et si résistant que l'homme a jugé bon de s'en emparer pour son propre usage. La soie filée par l'humble ver est devenue la base des plus somptueux, des plus élégants tissus.

Nous n'aurons garde aussi de passer sous silence le grand paon-de-nuit, *saturnia pyri*, reconnaissable à ses antennes munies de cils disposés comme les barbes d'une plume, à ses ailes ornées chacune d'un grand œil, et dont l'envergure peut atteindre jusqu'à 15 centimètres.

Les harpyies, vulgairement *queues fourchues*, n'offrent pas, à l'état adulte, des caractères assez

importants, assez saillants, pour attirer l'attention d'une manière spéciale; mais leurs chenilles sont très sin-gulières.

Les noctuelles ont des formes moins lourdes que les

Fig. 77. — La Phalène du groseiller.

bombyx ; leur abdomen est ordinairement grêle et allongé. La plupart évitent la lumière du jour ; quelques espèces seulement osent braver les ardeurs du soleil, et voltigent en plein midi dans les endroits découverts. Pour le plus grand nombre, l'activité ne s'éveille qu'au crépuscule ; et beaucoup de ces frêles papillons viennent se brûler les ailes à la flamme de nos lampes, quand, pendant la belle saison, on laisse la fenêtre ouverte.

Ce groupe est très riche en espèces, qui ont des mœurs assez uniformes, broutant des plantes diverses à l'état de chenilles, se chrysalidant souvent à découvert ou à l'intérieur d'un cocon léger tissé entre les feuilles, causant parfois des dégâts sérieux à l'agriculture, mais n'offrant aucun de ces traits de mœurs qui appellent l'attention sur d'autres insectes, plus industrieux, comme les hyménoptères.

Citons les catocales, aux ailes postérieures rouges, jaunes ou bleues, avec une large bordure noire ; les agrotis, très funestes aux plantes, en particulier à la vigne.

Les phaléniens ou géomètres constituent une tribu assez abondante aussi en espèces, et dont les chenilles, dites *arpenteuses,* sont caractérisées par le mode singulier de reptation que nous avons déjà décrit, et qui consiste à progresser en formant des boucles successives.

La plus connue des phalènes est, croyons-nous, l'*abraxas grossulariata,* la mouchetée du groseiller, dont les ailes blanches sont chargées de gros points noirs arrondis, et dont l'abdomen est jaune avec des taches noires sur chaque segment. La chenille présente à peu près les mêmes couleurs que le corps de l'adulte. On la trouve abondamment sur les groseillers, qui, certaines années, sont par elle complètement dépouillés de leurs feuilles.

Nous arrivons aux microlépidoptères, légion immense de papillons très exigus, dont les dimensions s'apprécient non plus en centimètres, mais en millimètres, délicates miniatures souvent aussi chargées des plus éclatantes couleurs que leurs brillants congénères de grande taille.

Au premier rang de ces minuscules papillons on place les pyrales, dont les ailes portent encore, mais plus vagues et moins accusées, les taches des noctuelles. On trouve dans nos maisons la pyrale de la farine, *asopia farinalis,* dont la chenille se plaît dans les coins où s'accumulent les détritus, dans les vieux morceaux de pain, dans les tas de son, de farine.

La larve de l'*aglossa pinguinalis* vit dans la graisse, et on la rencontre fréquemment dans les cuisines malpropres.

Les chenilles des hydrocampides offrent cette particularité caractéristique qu'elles sont organisées pour vivre dans l'eau, et qu'elles possèdent des branchies

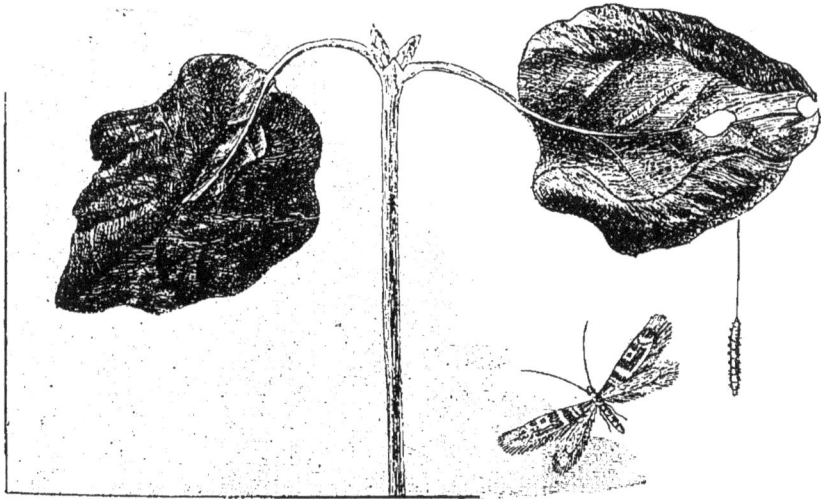

Fig. 78. — *Gracilaria syringella.*

servant à la respiration aquatique. Quelques-unes cependant manquent de ces organes, et vivent dans un cocon soyeux fixé aux plantes, et renfermant l'air qui leur est nécessaire.

La teigne des ruches, *galleria cereana*, constitue un véritable fléau pour les ruches où elle fait son apparition ; sa larve en effet perfore les rayons, ronge la cire, tapisse les gâteaux de ses tubes soyeux. Le papillon est gris, et fournit deux générations par an, l'une en mai, l'autre en juillet.

Les tortrices, autre famille de microlépidoptères, doivent ce nom à l'habitude qu'ont leurs chenilles de rouler les feuilles en forme de tube ou de cornet, retenu par des liens soyeux, et leur servant d'étui. Au repos, les papillons de ce groupe se tiennent d'ordinaire sur les

Fig. 79. — Adèle

branches et les feuilles, leurs ailes disposées en toit aplati.

C'est parmi les tordeuses que se range la pyrale de la vigne, *œnophtira pilleriana*, de si triste réputation. Le papillon a les ailes antérieures jaune-fauve avec des reflets dorés, et marquées de trois bandes brunes transversales. Les larves, qui vivent en société, entourent d'un réseau de fils soyeux d'abord les bourgeons, puis les branches, les feuilles, et la végétation de la vigne se trouve entravée par ce lacet qui empêche la floraison, la fructification des grappes.

Vous est-il quelquefois arrivé, en ouvrant une pomme

Fig. 80. — Ptérophore.

d'apparence saine et appétissante, de la trouver sillonnée de galeries remplies de détritus noirâtres, et de rencontrer au centre le ver cause de tous ces dégâts? Ce ver, c'est la chenille de la carpocapse, *carpocapsa pomonella*, dont le papillon, gris taché de brun, est connu sous le nom de pyrale de la pomme.

Le groupe des tinéiniens renferme un nombre considérable de petites espèces, désignées par le terme commun

10

de teignes, et parmi lesquelles nous citerons rapidement les hyponomeutes, redoutables aux arbres fruitiers ; la teigne des tapisseries, la teigne des pelleteries, qui vivent aux dépens des étoffes de laine et des fourrures ; l'alucite des céréales, qui dévore les grains de blé, et, par sa fécondité considérable, devient parfois dans les greniers un véritable fléau.

Toutes ne causent pas cependant des dommages si regrettables ; il en est qui, par leur élégance et leurs brillantes couleurs, méritent à bon droit notre admiration. Telles, les adèles, bijoux vivants, éclatants comme des pierres précieuses, qui semblent prendre plaisir à faire miroiter au soleil leurs ailes diaprées, et leurs antennes longues et déliées comme un fil.

En terminant cette rapide revue des papillons, il convient d'accorder une mention aux ptérophores, caractérisés par leurs ailes divisées en lanières barbues. Ces insectes grêles, aux longues pattes munies d'ergots saillants, se rencontrent dans les endroits herbeux ; leur vol est peu soutenu, et ils se noient souvent en voulant traverser les étangs, ce qui est au-dessus de leurs forces.

IX

LES INSECTES LUMINEUX

Des diverses propriétés qui ont été départies aux êtres vivants, l'une des plus curieuses et des plus admirables est, sans contredit, cette faculté de briller dans l'obscurité qu'ont certains animaux, et aussi un petit nombre de plantes.

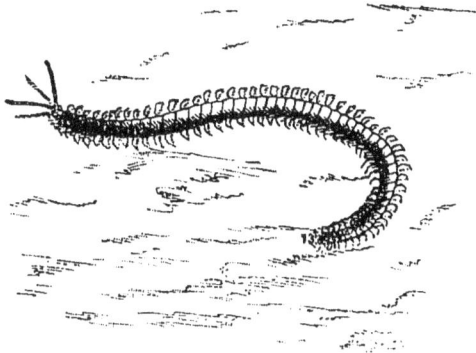

Fig. 81. — Scolioplane, myriopode phosphorescent.

Ce phénomène de la luminosité est assez connu, et on le désigne généralement sous le nom de phosphorescence, terme impropre parce qu'il laisse supposer que la production de lumière est due au phosphore, tandis qu'en réalité son origine est tout autre.

On a écrit des pages très poétiques sur la phosphorescence de la mer, produite par de minuscules protozoaires, agglomérés en masses innombrables, et sur le tableau féerique offert par les vagues lumineuses, qui se heurtent et se brisent, en dressant dans la nuit leurs crêtes brillantes comme de l'argent fondu.

Mais c'est une contemplation à laquelle nous ne pouvons nous attarder, parce que cette lumière des flots est due à des êtres qui n'ont aucun point de contact avec les insectes.

Nous pouvons d'ailleurs, sans quitter le groupe que nous étudions spécialement, faire une fructueuse incursion dans le domaine de ces faits intéressants. Les insectes lumineux sont en effet assez nombreux.

Parmi les hémiptères, des phénomènes de luminosité ont été constatés chez un fulgoride de la Guyane et du Brésil, le fulgore porte-lanterne, espèce bizarre de forme, dont la tête porte un prolongement qui, paraît-il, brille dans l'obscurité.

C'est du moins l'avis de Marie-Sibylle Mérian, peintre-naturaliste distingué, qui affirme avoir constaté, dans la Guyane française, la luminosité du singulier insecte. Voici en quels termes elle en parle, à propos du prolongement de la tête :

« La lueur qui sort de cette vessie pendant la nuit ressemble à la lumière d'une lanterne, de sorte qu'il ne serait pas difficile d'y lire un livre d'un caractère semblable à celui de la *Gazette de Hollande*. Quelques Indiens m'ayant apporté un jour un grand nombre de ces porte-lanterne, je les renfermai dans une grande boîte, ignorant alors qu'ils jetaient cette lumière. La nuit, entendant du bruit, je sautai du lit et je fis apporter une chandelle ; je trouvai bientôt que le bruit venait de cette boîte que j'ouvris avec précipitation ; mais, effrayée d'en voir sortir une flamme, ou, pour mieux dire, autant de flammes qu'il y avait d'insectes, je la laissai d'abord tomber ; revenue de mon étonnement ou plutôt de ma frayeur, je rattrapai tous mes insectes, dont j'admirai la vertu singulière. »

L'observation date de 1705. Depuis cette époque, les voyageurs ont apporté, sur la luminosité du fulgore, chacun leur version, les uns l'affirmant, les autres la niant.

Parmi ces derniers, il convient de citer Gounelle, qui a fait sur cet insecte les observations suivantes :

Dans les forêts qui couvrent la région arrosée par le Rio-Pardo et le Rio-Jequitinonhia, au sud de la province de Bahia (Brésil), ces fulgores se tiennent, durant le jour, sur le tronc du Pao-Paraïba, arbre dont les feuilles et l'écorce sont extrêmement amères, et employées comme fébrifuges par les Brésiliens. Ils restent immobiles, la tête en haut, et se dissimulent aux regards par une coloration blanchâtre due à une secrétion cireuse, qui se confond avec la teinte de l'écorce.

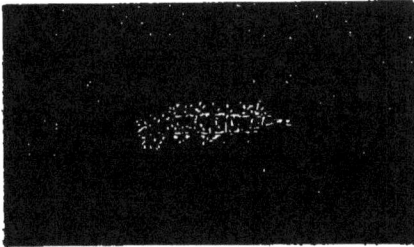

Fig. 82. — Nymphe lumineuse de *Phengodes*.

Gounelle en recueillit quelques-uns, et les enferma dans une petite cage ; il put constater que vers le soir leur activité commençait à s'éveiller, et qu'ils s'agitaient pendant une grande partie de la nuit. Croyant que leur nourriture était le suc de l'écorce du Pao-Paraïba, il avait fermé un des côtés de la cage avec un morceau de cette écorce ; mais il ne put les voir manger, et en moins de trois jours tous périrent.

Quant à leur luminosité, il n'en a jamais pu constater la moindre trace. Les Brésiliens, qui les connaissent parfaitement, n'ont pas davantage vérifié cette production de lumière dont a parlé Marie-Sibylle Mérian ; en revanche, ils considèrent les fulgores comme des insectes malfaisants et venimeux, dont ils s'éloignent avec une peur superstitieuse.

C'est en particulier dans l'ordre des coléoptères qu'on rencontre des exemples authentiques de luminosité ; et il n'y a qu'à nommer le ver luisant pour en citer un cas bien connu de tous.

Les larves, nymphes et femelles des genres *phengodes* et *zarhipis*, appartenant à la même famille que les cantharides, possèdent la faculté de produire de la lumière.

Fig. 83. — Lampyre Ver-luisant.

L'appareil qui sert cette faculté est indiqué au dehors par des points placés à la face dorsale, dans chaque angle postérieur des segments du thorax et de l'abdomen ; en outre, la face ventrale de l'abdomen porte également quelques points lumineux.

Les lampyres, dont le ver luisant peut être considéré comme le type, offrent cette particularité curieuse que, dans la plupart des espèces, la femelle conserve en quelque sorte la forme de la larve, et demeure privée d'ailes. L'appareil lumineux est chez eux placé à la face ventrale.

Nous ne saurions entrer dans le détail de l'organisation de ces êtres, ni discuter les diverses hypothèses qui ont été mises au jour pour expliquer leur singulière propriété. Ce sont là des questions techniques dont nous voulons épargner l'ennui à nos lecteurs.

Il nous paraît plus intéressant de montrer quel parti l'industrie animale et l'habileté humaine ont su tirer de la luminosité des insectes phosphorescents.

Le tisserin baya est un oiseau de la grandeur à peu près du moineau domestique, qui habite l'Inde, l'Indo-Chine et la Malaisie.

Quand il a terminé son nid, il y porte de petits morceaux d'argile, dont le rôle véritable a fortement intrigué les observateurs. Les uns ont pensé qu'ils servaient aux oiseaux à aiguiser leur bec; d'autres qu'ils consolidaient le nid; d'autres encore qu'ils avaient pour destination de maintenir l'équilibre dans le frêle édifice.

Les indigènes, eux, prétendent que le tisserin enchâsse, dans ces morceaux d'argile, des vers luisants ayant pour mission d'éclairer le nid. Il y a, dans cette assertion, du vrai et du faux.

Le fait en lui-même est réel; mais le but poursuivi ne paraît pas être de fournir l'éclairage à l'oiseau et à sa jeune couvée, étant donné que l'architecture du nid rend l'intérieur facilement accessible à la lumière diffuse.

Il paraît plus conforme à la vérité de penser que le tisserin, en immobilisant dans l'argile ces délicats et minuscules flambeaux vivants, se propose de mettre sa progéniture à l'abri des ennemis de toutes sortes qui pullulent aux régions qu'il habite : reptiles, rats et autres rongeurs.

On a pu constater que la lumière des lampyres exerce sur les rats une action terrifiante; et par suite il est probable que le nid du tisserin, garni de ces insectes, se trouve à l'abri de toute importune visite nocturne.

L'homme a trouvé bon aussi d'utiliser la luminosité des lampyres, et il en a fait, suivant l'inspiration du moment ou la tournure d'esprit des expérimentateurs, un signal, un objet d'ornement ou de plaisanterie, un appât pour tromper les poissons, une source d'éclairage pour obtenir des clichés photographiques, un moyen de défense contre certains animaux nuisibles.

Un voyageur du xvie siècle, de Oviedo y Valdes, donne des détails curieux sur l'usage qu'il a vu faire d'un pyrophore lumineux, qui était désigné sous le nom de Cocujo :

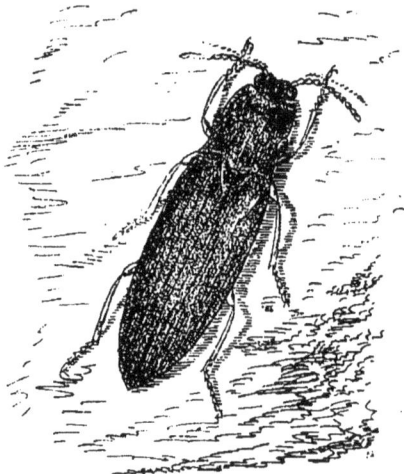

Fig. 84. — Pyrophore noctiluque.

« On a l'habitude d'enfermer ces cocujos dans des cages et de les conserver pour travailler dans les maisons ou pour souper, pendant la nuit, en se servant de leur lumière, sans qu'il soit nécessaire d'en avoir une autre. Quelques chrétiens agissaient de même, afin d'épargner l'argent qu'il aurait fallu pour acheter de l'huile pour alimenter leurs lampes...

« Enfermé dans une chambre obscure, un cocujo est assez lumineux pour que l'on puisse lire et écrire une lettre.

« Si l'on rassemble quatre ou cinq de ces cocujos et qu'on les suspende en les enfilant, ils peuvent servir autant qu'une puissante lanterne, dans la campagne et dans la montagne, pendant une nuit obscure.

« Lorsqu'on était en guerre à Haïti et dans les autres
îles, les chrétiens et les Indiens se servaient de ces feux
pour ne pas se perdre les uns les autres ; les Indiens, en
particulier, fort habiles à prendre ces animaux, s'en
faisaient des colliers quand ils voulaient se faire voir à
une lieue de distance et plus loin encore.

« Quand les chefs de guerre font des marches de nuit
dans cette île, l'officier, le capitaine ou le guide, qui va
devant en sondant l'obscurité, porte sur la tête un cocujo,
et sert de phare à toute la troupe qui le suit. »

Les femmes indigènes du Nouveau-Monde se servent
des pyrophores pour s'en faire des colliers et des pendants
d'oreilles. Elles en placent le soir dans des sachets en
mousseline qu'elles disposent avec goût dans leurs jupes ;
elles en ornent aussi leurs chevelures, où elles les fixent à
l'aide d'une longue épingle qui passe, sans les blesser, entre
la tête et le thorax.

« Souvent, par un charmant caprice, écrit Chanut, les
dames créoles de la Havane placent des pyrophores dans
les plis de leur blanche robe de mousseline, ou bien elles
les fixent dans leurs beaux cheveux noirs. Cette coiffure
originale a un éclat magique... Une séance de quelques
heures dans les cheveux ou dans les plis de la robe d'une
dame, fatigue ces insectes. Cette fatigue se révèle par la
diminution de l'intensité ou la cessation passagère de leur
luminosité ; alors on les secoue, on les excite, pour qu'ils
brillent comme auparavant. Au retour de la soirée, les
dames prennent un grand soin de ces insectes, car ils sont
extrêmement délicats. Elles les jettent d'abord dans un
vase d'eau pour les rafraîchir, puis les mettent dans une
petite cage où ils passent la nuit à sucer des morceaux de
canne à sucre. Pendant tout le temps qu'ils s'agitent, ils
brillent, et alors la cage répand une douce clarté dans la
chambre. »

« Les Indiens du Nouveau-Monde, raconte encore de
Oviedo y Valdes, se frottaient la poitrine avec une pâte

qu'ils faisaient avec les cocujos, au moment des fêtes ou quand ils voulaient se divertir en faisant peur à ceux qui ne savaient de quoi il s'agissait : il semblait alors que tout ce qui avait été frotté avec la substance du cocujo était embrasé...

« Pour s'amuser, plaisanter ou effrayer ceux qui sont épouvantés par chaque ombre, on dit que certains sauvages farceurs étalent sur leur visage, pendant la nuit, la chair des cocujos qu'ils tuent, dans le but de se montrer brusquement à leurs voisins avec un visage enflammé, à la manière des jeunes espiègles qui se font des mâchoires magiques pour effrayer les enfants et les femmes qui tremblent facilement. »

En Europe, notamment en Italie, des dames, voulant imiter la coquetterie des femmes créoles de la Havane, se laissent tenter par le luxe peu coûteux de ces bijoux vivants qui font aux chevelures un ornement si poétique. Mais comme nos pauvres lucioles, à la lampe si faible, font triste figure auprès de leurs splendides congénères, les pyrophores !

Ceux-ci ne sont pas seulement un objet d'ornement et de parure ; leur flambeau joint l'utile à l'agréable.

Le naturaliste anglais Moufet a rapporté que les Indiens du Nouveau-Monde se servaient de ces insectes pour éloigner de leurs demeures les moustiques, sanguinaires brigands nocturnes ; comme dans nos chambres modernes on tient la veilleuse allumée pour écarter du lit la hideuse punaise.

Ces mêmes Indiens, lorsqu'ils voyagent pendant la nuit à travers leurs montagnes et leurs forêts, se fixent aux pieds des pyrophores, dont la tranquille lumière éclaire le chemin, et met en fuite les serpents qui rampent tortueusement parmi les broussailles.

X

LES PUCERONS

S'il est vrai qu'on a souvent besoin d'un plus petit que soi, en revanche les ennemis avec lesquels il faut le plus compter sont souvent les plus exigus, ceux dont on ne se défie pas en raison de leurs faibles proportions, et dont le triomphe démontre ensuite combien on a eu tort de les considérer comme une quantité négligeable.

On sait que les microbes, ces atomes infimes si menus qu'on ne peut les voir qu'avec le secours d'un microscope puissant, déterminent en quelques heures la mort d'un homme robuste. Il est vrai qu'en ce cas l'union fait la force, et qu'ils suppléent à la taille par le nombre. Leurs légions s'amplifient, se multiplient rapidement dans des proportions invraisemblables ; par milliers, ils envahissent le sang, ils pénètrent partout dans le corps, et avec eux le poison mortel qu'ils savent fabriquer.

Règle générale : méfions-nous des petits, quand ils nous veulent du mal !

Et s'il fallait donner un exemple précis à l'appui de ce conseil, nous ne saurions mieux choisir que celui de ces hémiptères dégradés, de ces pucerons dont les fécondes colonies s'implantent sur les végétaux, d'abord en quelques points limités, puis s'étendant de plus en plus, gagnant chaque jour du terrain, élargissent le champ de leurs dégâts.

Tout le monde les a vus à l'œuvre, et les cultivateurs, les jardiniers savent avec quelle rapidité invraisemblable s'opère leur pullulation.

Au commencement de la belle saison, quand un tiède soleil fait éclater les enveloppes des bourgeons frileux, çà et là sur les jeunes feuilles, paresseux et immobiles, on voit implantés des pucerons isolés.

Leurs morsures sont presque insignifiantes : il faut si peu de sève pour alimenter une aussi exiguë bestiole. Mais attendez quelques jours. Ceux-là sont l'avant-garde ; c'est l'ennemi qui introduit sournoisement dans la place quelques éclaireurs destinés à reconnaître le chemin. Le gros de l'armée suit ; les combattants vont venir en nombre.

Retournez donc cette feuille de groseiller à la face inférieure de laquelle vous avez remarqué, il y a une semaine, un puceron, logé dans une petite cavité. Aujourd'hui, ce puceron n'est plus seul ; il a fondé famille, il a engendré des rejetons malfaisants comme lui. Ils sont dix maintenant, quinze, encore petits, mais doués d'un robuste appétit. Les voilà à table, et il est facile de constater que le mets est à leur goût, car la feuille, à qui leurs becs prennent sa sève, se couvre de taches rougeâtres, de bosses ; elle est par endroits recroquevillée, et sous chacune des petites voûtes ainsi formées s'abrite un puceron.

Dans un mois, si le temps est favorable, ils seront légion ; toutes les feuilles vont être littéralement couvertes de ces menus parasites, pressés les uns contre les autres, trouvant à peine la place nécessaire pour implanter, dans l'épiderme vert où ils puisent le suc de la plante, leur bec insatiable.

Une pareille pullulation s'explique aisément si l'on étudie le mode de reproduction des pucerons. Le premier individu, éclos au printemps d'un œuf qui a passé l'hiver, engendre directement, comme nous l'avons dit, un nombre respectable de petits vivants, qui n'ont rien de plus pressé que de faire souche à leur tour d'une nouvelle génération.

Or, cette nouvelle génération est déjà, on le conçoit, une notable amplification de la famille issue du premier puceron, et si l'on considère que ses représentants sont encore

Fig. 85. — Pucerons sur une feuille de rosier (le tout fortement grossi).

autant de mères donnant très vite naissance à une troisième cohorte de parasites, on s'explique comment les
tiges et les feuilles sont envahies en peu de temps par une
véritable armée de ces ravageurs au bec empoisonné.

Si l'été est sec et chaud, les générations succèdent les
unes aux autres sans interruption, et les jeunes pucerons
qui naissent suivant ce mode primitif et très simple de
multiplication, viennent tous au monde vivants, et n'ob-
tiennent pas d'ailes.

Ils sont absolument fixés à la plante où leur mère est
elle-même implantée.

Cependant, à la longue, la table, si bien servie qu'elle
soit, s'épuise ; la nourriture se fait rare, et la place
manque ; les nouveaux venus se trouvent à l'étroit, et ne
se maintiennent sur la feuille qu'à la condition d'enjamber
leurs voisins.

Le cas a été prévu, et la sagesse du Créateur a trouvé,
à cette embarrassante question d'une population trop
dense, une solution à la fois simple et logique, l'émigra-
tion. Vers les approches de l'automne, quelques-uns de
ces pucerons, nés, comme leurs voisins irrémissiblement
sédentaires, de mères vivipares, subissent une ou deux
mues supplémentaires, qui développent des ailes sur les
arceaux supérieurs de leur thorax.

Une fois munis de ces organes aptes à favoriser leurs
déplacements, ces individus prennent leur essor, et s'en
vont au loin, sur d'autres plantes de la même espèce
que celle qu'ils quittent, faire souche de nouvelles
colonies.

Quand revient la mauvaise saison, et que les premières
menaces de l'hiver se traduisent par des nuits claires et
froides, la reproduction des pucerons cesse de se faire par
le mode vivipare, et s'opère suivant le mode ovipare.

C'est-à-dire que les mères, au lieu de produire leurs
petits vivants, vont cacher en quelque pli de l'écorce, ou
sur la racine, ou dans l'aisselle d'un rameau, un œuf dont
la coque résistante pourra braver les frimas, et d'où sor-

tira au printemps un individu qui sera le point de départ
d'une nouvelle série de générations, analogues à celles dont
nous avons retracé l'enchaînement.

D'une manière générale, les pucerons sont funestes aux
plantes qu'ils touchent. Sous leurs morsures, les feuilles
se déforment, les branches se gonflent en ampoules,
l'écorce se fendille, et la sève, continuellement aspirée par
des milliers d'insatiables trompes, ne peut plus suffire à
nourrir l'organisme végétal, qui dépérit et meurt souvent.

L'un des plus redoutables de ces parasites est sans contredit le phylloxéra, dont l'engeance très prolifique
s'attaque à la vigne, qui n'y résiste pas.

Peu d'espèces empoisonnent comme lui les blessures
qu'elles font ; ce qui porterait à croire que les êtres malfaisants sont d'autant plus à craindre qu'ils sont plus
petits.

Le terrible animalcule ne mesure pas un millimètre de
longueur. Il présente des individus de diverses sortes, qui
naissent les uns des autres sans alterner d'une manière

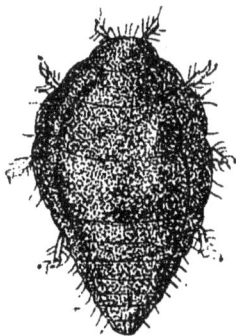

Fig. 86. — Phylloxéra sans ailes.

régulière, et qu'on ne peut bien connaître qu'à la condition d'étudier l'enchaînement des générations dans sa con-
cordance avec la succession des saisons.

Ceux qui passent l'hiver n'ont point d'ailes. Tels qu'ils

se montrent au printemps, ils n'ont généralement pas
atteint leur complet développement, et ils offrent un tégu-
ment d'un jaune brun. On les trouve, durant la mauvaise
saison, dans les petites fentes, les crevasses des racines
de la vigne, de préférence sur celles de ces racines qui
atteignent environ l'épaisseur d'un doigt.

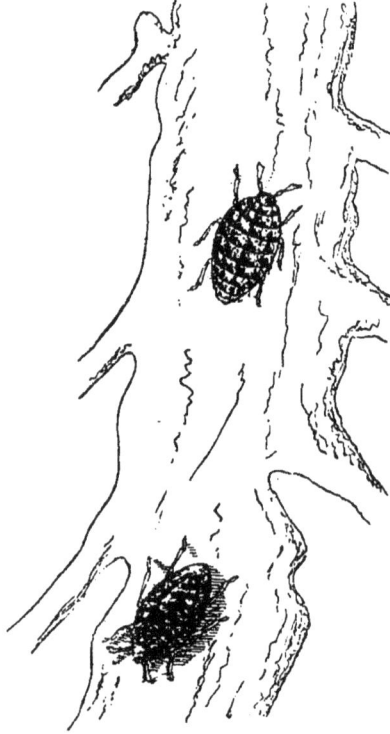

Fig. 87. — Phylloxéras sur une radicelle.

Au retour d'une saison plus clémente, ces individus
perdent leur épiderme sombre et rugueux, pour revêtir un
habit plus élégant, d'un jaune clair.

C'est alors qu'ils se fixent sur les radicelles, et qu'ils
implantent leur bec dans l'épiderme, aspirant la sève de
toutes les forces de leur robuste appétit. Et sous leurs
morsures, les ramifications des racines se boursouflent, se
couvrent çà et là de renflements difformes.

Ces individus sont tous des mères qui, au bout d'un certain temps, se mettent à pondre, en tas, une quarantaine d'œufs d'abord d'un jaune de soufre, puis de nuance un peu plus foncée.

Huit jours se passent, et de chacun de ces œufs sort une larve, déjà analogue de forme à l'adulte, mais grêle et délicate, qui s'agite, et va de-ci de-là le long des racines,

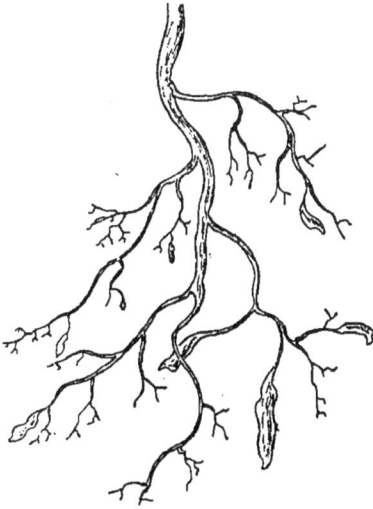

Fig. 88. — Déformation des radicelles de la vigne sous les attaques du Phylloxéra.

cherchant une place où elle pourra à son tour se fixer et se mettre à table.

La place est bientôt trouvée, et la vigne compte un parasite de plus, qui va devenir la souche de toute une colonie. Car les mêmes phénomènes se répètent, et après avoir subi les trois mues réglementaires, les nouvelles larves devenues adultes sentent en elles le besoin d'augmenter encore la famille, et se mettent à pondre des œufs à leur tour.

Et les générations se continuent ainsi jusqu'à l'automne, chacune amplifiant la colonie, qui prend dans l'espace d'un an un développement formidable.

Certains individus, au lieu de se cantonner aux racines,

11

gagnent les parties élevées de la vigne, et se fixent sur les feuilles, où ils déterminent la formation de petites galles.

Aux approches de l'hiver naissent des individus qui

Fig. 89. — Galles du Phylloxéra des feuilles.

subissent des mues plus complètes, et qui, apres une véritable métamorphose, acquièrent des ailes.

Ceux-là sortent de terre, et s'en vont au loin semer les germes du redoutable puceron. Lorsque le vent s'en mêle, ils peuvent être transportés jusqu'à cent kilomètres de leur point d'origine, et c'est ce qui explique comment, dans certains cas, le fléau a pu s'étendre avec une désastreuse rapidité.

Les premières menaces de la mauvaise saison font éclore aussi des mères privées d'ailes, qui donnent naissance, non plus à des œufs à enveloppe fragile, mais à un germe unique, bien protégé contre le froid par une coque épaisse, et qui ne doit s'éveiller qu'au printemps, pour

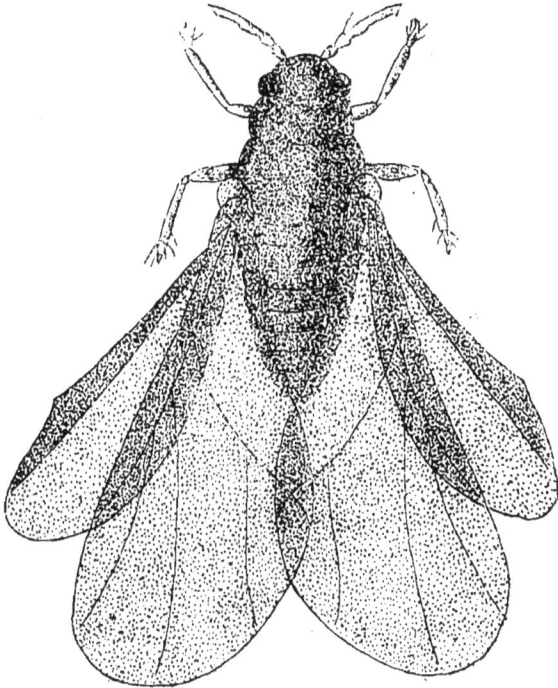

Fig. 90. — Phylloxéra ailé.

perpétuer le phylloxéra concurremment avec les individus passant l'hiver dans les crevasses des racines.

La fécondité du phylloxéra atteint des proportions de nature à confondre l'imagination.

Si l'on considère qu'une mère dépose sur les racines plus de deux cents œufs, que cinq à huit générations se succèdent durant l'été, on arrive à reconnaître qu'en une année, la descendance de la mère primitive s'élève à plusieurs milliards d'individus.

Les produits de mille œufs, dans le même laps de
temps, couvriraient la surface d'un hectare, en les mettant

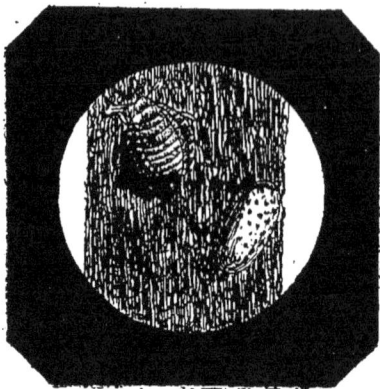

Fig. 91. — Œuf d'hiver et la mère qui l'a pondu.

bout à bout, côte à côte, serrés les uns contre les autres

On comprend que la vigne ait de la peine à se défendre
contre un aussi prolifique ennemi.

Les pucerons, qui vivent des plantes sans aucun scrupule, sont à leur tour exploités soit par des chasseurs qui
les mangent, soit par des insectes plus bénévoles qui pro-
fitent simplement de la faculté qu'ils ont de laisser transsuder un liquide sucré.

Cette faculté constitue pour l'appétit et la gourmandise
des fourmis une précieuse ressource. Aussi beaucoup
d'entre elles entourent les colonies de pucerons de soins
aussi attentifs qu'intéressés, leur construisant parfois des
abris en terre contre les intempéries, les parquant même
dans des étables souterraines, les défendant contre leurs
ennemis, afin qu'ils puissent produire en paix le délicieux
nectar dont elles sont très friandes.

Elles n'arrivent cependant pas à les garantir contre
toute atteinte de leurs adversaires. De menues guêpes,
des braconides très petits, voltigent autour des colonies,
dans le but de leur confier leurs œufs. Les larves des

syrphes rampent sur les feuilles, sans cesse en quête, et font des pucerons de véritables hécatombes. Et la cocci-

Fig. 92. — La Coccinelle à sept points, insecte qui détruit les pucerons.

nelle, la si mignonne *bête à bon Dieu,* leur déclare aussi, dans le très légitime but de manger, une guerre sar.. merci.

XI

LES INSECTES QUI NOUS MANGENT

Le groupe des insectes renferme toute une série de dévastateurs qui nuisent plus ou moins aux intérêts de l'homme, en dévorant, sans aucun souci de ses besoins, les fruits dont il fait sa nourriture. Toutefois, il faut bien avouer que nous avons moins de haine pour ces ravageurs qui, après tout, ne nous portent dommage qu'indirectement, que pour d'autres qui, plus familiers, plus intimes, plus audacieux, affectent la prétention tenace de se nourir de notre propre substance.

Ceux-là sont les vrais ennemis : car nul de nous n'a rien de plus précieux que sa personne.

L'insecte qui se montre le plus avide du sang humain, au moins dans nos pays, est sans contredit la punaise des

Fig. 93. — La Punaise des lits.

lits, *cimex lectularius*. Son nom seul évoque, dans l'esprit de ceux qui ont subi son répugnant contact, toute une cohorte de souvenirs désagréables, nuits sans repos, piqûres cuisantes, ampoules dont la large tache rouge est le siège d'une démangeaison insupportable.

La dégoûtante bestiole répand une odeur infecte, dont elle imprègne les doigts qui l'écrasent. Comme les vampires, sanguinaires fantômes, elle n'accomplit ses méfaits que pendant la nuit. Lorsque la veilleuse est éteinte, et que son instinct l'avertit que la victime convoitée est endormie, elle sort de sa cachette, se glisse le long de la muraille, ou encore se laisse tomber du plafond sur le lit.

Dès qu'elle est arrivée en contact avec l'épiderme du patient, qui, dans la quiétude du premier sommeil, s'abandonne inconsciemment à l'ennemi, elle se met incontinent à table. Le bec s'enfonce, plonge dans la peau, cherchant le trajet d'une veine ; et, à cette source, le repoussant insecte s'abreuve jusqu'à satiété, emplit de sang son tube digestif, laissant en même temps dans la plaie une goutte de sa salive empoisonnée.

Quand le dormeur s'éveille, les ampoules dont il est couvert, et les taches de sang qui maculent les draps du lit l'avertissent de la visite de l'hôte nocturne qu'il a hébergé malgré lui.

Les suites des piqûres de la punaise sont très variables selon les individus. Chez les uns, le point par où a pénétré le bec s'entoure simplement d'une auréole rougeâtre, effet local du venin, ne s'accompagnant d'aucune sensation douloureuse. Chez les autres, au contraire, il se forme une ampoule étendue, semblable à une pustule, sensible et produisant une démangeaison qui, si on la satisfait, accroît encore le gonflement des tissus à l'endroit piqué.

Cette démangeaison est parfois si intolérable que le dormeur se met lui-même l'épiderme en sang avec les ongles.

Pendant les grandes chaleurs, la piqûre des punaises devient plus intolérable, plus envenimée, en même temps que l'insecte lui-même est plus actif et plus avide. Nous avons vu des personnes, dans le but d'échapper à leurs attaques, s'enduire, sans aucun succès d'ailleurs, de vinaigre et d'eau-de-vie, et d'autres se résigner à dormir sur une chaise plutôt que de se mettre au lit, afin d'éviter une insomnie douloureuse qui laisse dans l'esprit, pour toute une journée, l'impression d'un mauvais rêve.

Quelques auteurs prétendent qu'il suffit, pour être à l'abri de l'importune visite de ces hôtes sanguinaires, d'avoir de la lumière dans la chambre où l'on dort. Mais il semble que la punaise a conscience du moment où le dormeur se trouve à sa merci ; car la veilleuse allumée n'empêche guère les ampoules.

Durant le jour, les punaises se tiennent dans des cachettes difficiles à trouver, et où elles se réfugient, leur repas terminé, pour digérer à l'aise.

En raison de leur forme aplatie, elles peuvent se glisser à peu près partout : dans les fentes des lits, sous les cadres et les divers objets appendus au mur, dans les moindres fissures des meubles, dans les plis des papiers de tenture décollés. Elles changent d'ailleurs volontiers de domicile ; car, pour peu qu'elles soient abondantes dans un appartement, on en trouve chaque jour de nouvelles dans les endroits où on les avait détruites la veille.

Si l'on n'arrête à temps leur prolifération, elles pullulent rapidement dans des proportions inquiétantes ; nous les avons vues se multiplier dans une chambre, où on les avait d'abord considérées comme une quantité négligeable, avec une activité si invraisemblable qu'au bout d'un certain temps tout, dans cette chambre, était en leur possession. Elles avaient envahi jusqu'aux vêtements accrochés au mur, de telle manière que le propriétaire, en mettant ses mains dans ses poches, en retirait des poignées de punaises.

Telle qu'elle s'offre à nous dans nos pays, la punaise n'est pas un insecte parfait. Originaire de pays plus chauds où son développement pouvait se faire dans sa plénitude, elle a perdu, dans nos climats tempérés, une partie de son énergie vitale, et en général elle ne possède que des rudiments d'élytres, sans présenter le moindre vestige d'ailes.

C'est en été que ces désagréables insectes sont le plus actifs, et par les nuits lourdes et accablantes qui précèdent d'ordinaire les journées orageuses, ils sont littéralement intolérables.

Ils commencent à sortir de leur repos hivernal, selon les années, vers la fin d'avril ou le commencement de mai, quand le soleil a pris assez de force pour fondre à mesure qu'ils tombent les grêlons des giboulées. A cette époque se réveillent des individus de toutes dimensions, les uns adultes, les autres sortant de l'œuf.

Aussitôt réveillés, tous se mettent en quête de leur nourriture; et, s'ils peuvent se la procurer abondamment, si en même temps la température est suffisamment tiède, les générations se succèdent sans interruption. L'accroissement individuel se fait rapidement, la chaleur hâtant les mues, et la ponte des mères se continue indéfiniment jusqu'au retour de l'hiver, qui arrête tous les développements au point précis où ils recommenceront l'année suivante.

Les punaises peuvent supporter un assez long jeûne. Si on les tient longtemps sans nourriture, on reconnaît qu'elles sont encore très vives quelques heures avant la mort, et elles s'affaiblissent seulement dans les derniers instants qui précèdent celle-ci.

Un moyen radical de détruire les punaises dans un appartement serait de le laisser inhabité pendant quelques mois; mais on ne saurait garantir qu'il n'en reviendrait pas d'autres.

Les opinions diffèrent sur l'origine des punaises, sur le point de départ d'où ces sanguinaires insectes se sont élancés à la conquête du monde, et en particulier des villes européennes. On a affirmé, mais sans preuves certaines, qu'ils nous sont venus des Indes-Orientales.

Les anciens les connaissaient, car Aristote, Pline, Dios

corides en font mention. Au XIe siècle, on constatait leur
présence à Strasbourg. On prétend qu'ils n'ont été impor-
tés à Londres qu'en 1670, dans les literies des huguenots
exilés. Toutefois cette assertion est en désaccord avec une
anecdote racontée par Moufet dans son *Theatrum insecto-
rum,* et d'après laquelle, en 1503, deux dames nobles de
Londres furent si effrayées des pustules résultant de la
piqûre des punaises, qu'elles firent appeler leur médecin,
se croyant atteintes de la peste.

Comme on trouve dans les poulaillers, les colombiers, les
nids d'hirondelles, les greniers habités par les chauves-
souris, des punaises très analogues à celles des lits, peut-
être faut-il penser que cette espèce a primitivement vécu
sur les animaux à sang chaud, pour limiter ensuite ses
attaques à une plus noble proie, lorsque les hommes
eurent bâti des villes; car elle n'infeste pas l'homme
nomade.

Quoi qu'il en soit, les punaises sont aujourd'hui largement répandues en Europe; les malles des voyageurs ont
été leur véhicule de prédilection pour prendre partout possession des habitations humaines. Les hôtels des grandes
villes, surtout dans le Midi, n'en sont pas précisément
dépourvus.

On connaît l'anecdote de ce voyageur qui, descendu dans
un des meilleurs hôtels de Bordeaux, et furieux d'une nuit
d'insomnie, entrait le lendemain, dès le matin, dans le
bureau de l'hôtel, en déclarant qu'il allait loger ailleurs :
« Très bien, Monsieur, lui répondit-on; mais en changeant
d'hôtel vous ne ferez que changer de punaises ! »

L'introduction de punaises dans une maison peut
amener des démêlés désagréables avec la loi, et susciter un
conflit dont la solution réclame les subtiles arguties de la
procédure. On nous permettra d'en citer un exemple
curieux.

« En 1874, raconte M. Kunckel d'Herculais, Monsieur et
Madame B... avaient loué une maison appartenant à
Mademoiselle H... à Villers-sur-Mer. M. B... est mort

depuis cette époque, et sa veuve remariée s'appelle aujourd'hui Madame V...

« A l'expiration du bail, Mademoiselle H... a amèrement reproché à ses locataires sortants d'avoir subrepticement introduit dans sa maison de Villers des légions de punaises. Elle prétendit que cette invasion rendait le logement inhabitable, qu'elle ne trouverait pas à le louer, et s'adressant au président du tribunal civil de Pont-L'Evêque, elle obtint la nomination de trois experts chargés de visiter la maison, de constater son état, de s'expliquer sur la cause de la présence des punaises et d'indiquer les mesures à prendre pour détruire ces insectes.

« Un expert en punaises! J'avoue que cette profession m'était inconnue; Privat d'Anglemont a négligé de la cataloguer. Combien ce métier peut-il rapporter?

«... Nos experts se mirent en chasse.

« Les voyez-vous retournant les cadres des tableaux, les tapisseries, le papier de la muraille, poursuivant sans merci ces ennemis insaisissables?

« Enfin, s'étant consciencieusement acquittés de leur tâche, ils déclarèrent que l'introduction des punaises dans une maison neuve était fatalement le fait des locataires, ce qui ne nécessite pas un grand effort de logique; mais ils s'empressèrent aussi de déclarer qu'ils n'avaient rencontré que des punaises déjà parties pour un monde meilleur; toutes étaient mortes.

« Mademoiselle H... n'en persista pas moins à réclamer une somme de 10,000 francs. Le tribunal rendit un arrêt ainsi conçu :

« Considérant qu'il résulte de l'expertise que la maison « de la demoiselle H... a été envahie par des punaises en « quantité considérable; que ces punaises sont venues « dans cette maison avec les vieux meubles introduits « par la dame V..., et qui la garnissaient; que les traces « nombreuses constatées sur ces meubles indiquaient que « le séjour des punaises n'était pas récent, et qu'ils en « étaient infestés déjà depuis longtemps;

« Attendu que l'introduction de punaises dans une
« maison par un locataire engage évidemment sa respon-
« sabilité ;

« ... Par ces motifs :

« Entérine le rapport des experts ; ce faisant, condamne
« la dame V... à payer à la demoiselle H... la somme de
« 1,000 francs, pour tous travaux ou dommages à sa charge
« avec les intérêts de droit. »

« Mademoiselle H... a eu de quoi acheter de la poudre
à punaises pour le reste de ses jours. »

Après la punaise, l'insecte qui se montre le plus avide
de notre sang est sans contredit la puce, hôte intime qui

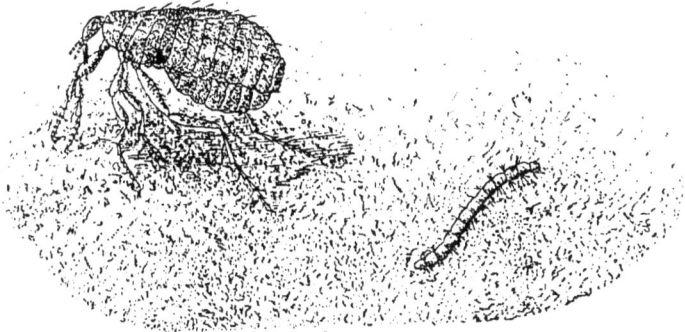

Fig. 94. — La Puce et sa larve (fortement grossies).

ne se contente pas de nous importuner la nuit, mais qui
pousse la familiarité jusqu'à demeurer, sans aucune
autorisation, dans les plis de nos vêtements.

Reconnaissons toutefois que la puce, comme le pou,
préfère la société des personnes qui se refusent les soins
exigés par la propreté, et c'est pour cela que les Arabes,
en cette matière si parfaitement indifférents, logent
dans leurs burnous crasseux des armées entières de
cette vermine sauteuse.

Les piqûres de la puce sont moins douloureuses et
moins désagréables que celles de la punaise, et l'auréole

enflammée qui entoure le point piqué est d'ordinaire moins large et moins rouge ; de plus, son contact n'imprègne pas les doigts de l'odeur fétide que la punaise communique à tout ce qu'elle touche, et elle est par suite moins répugnante.

Au point de vue esthétique, on ne saurait lui refuser une certaine grâce, une certaine élégance, son corps svelte et allongé étant en harmonie parfaite avec la brusquerie, la rapidité de ses mouvements, la force de ses bonds qui la mettent en un instant hors de l'atteinte de ses ennemis.

Et, n'était sa vilaine habitude de plonger ses mandibules en scie dans l'enchevêtrement délicat de nos vaisseaux capillaires, on lui ferait très volontiers grâce de la vie. Mais ses mœurs nous obligent à la traiter en adversaire.

On a remarqué que les puces ne se multiplient bien que lorsqu'on les laisse en repos ; c'est ainsi que, chez les animaux hibernants, elles mettent à profit, pour se reproduire, la période d'hibernation, et qu'elles sont toujours plus nombreuses sur les mammifères quand la vieillesse les condamne à l'immobilité. C'est pourquoi la propreté des personnes et des appartements, en exigeant des soins qui déplacent constamment les œufs et les larves, constitue le meilleur obstacle qu'on puisse opposer à leur envahissement.

Pour la destruction directe, on conseille les poudres insecticides, à base de fleurs de pyrèthre, de staphysaigre ou d'absinthe, ou des aspersions d'eau sulfureuse ou benzinée. L'un des plus efficaces procédés est l'écrasement individuel entre les ongles des deux pouces.

A l'inverse des peuples heureux, la puce a une histoire. Nous n'irons pas jusqu'à dire qu'elle a tenté l'imagination de véritables poètes ; mais des versificateurs assez habiles n'ont pas dédaigné de la faire figurer dans leurs bouts rimés.

En 1579, une puce trouvée par Etienne Pasquier sur

Mademoiselle Desroches, fut la cause d'un tournoi litté-
raire entre un certain nombre de beaux esprits, parmi
lesquels Achille de Harlay, président du Parlement, et
il en résulta quantité de vers latins, grecs, français, italiens
et espagnols, qui furent réunis dans un recueil in-quarto.

Courtin de Cisse a chanté la puce :

> Pucelette noirelette,
> Noirelette pucelette,
> Plus mignonne mille fois
> Qu'un agnelet de deux mois,
> Et mille fois plus mignonne
> Que l'oisillon de Véronne,
> Comme pourra mon fredon
> Immortaliser ton nom ?

Claude Binet, avocat en la cour du Parlement, a également pris prétexte de la puce pour élaborer ce couplet :

> Que dirai-je de la saignée
> Qui par elle fut enseignée ?
> N'en déplaise à l'antiquité,
> La Puce a l'honneur mérité,
> Et non le cheval qui se treuve
> Aux bras de l'égytien fleuve.
> Car la puce tant seulement
> Avec un doux chatouillement
> Tire sans aucune ouverture
> Le sang ennemi de nature.

Et Boileau en a fait le *mot* d'une énigme célèbre :

> Du repos des humains implacable ennemie,
> J'ai rendu mille amants envieux de mon sort ;
> Je me repais de sang, et je trouve ma vie
> Dans les bras de celui qui recherche ma mort.

Après avoir mis la puce en vers, on entreprit de faire son
éducation, les uns pour se distraire, les autres pour faire
fortune, et les résultats qu'obtinrent dans cet ordre d'idées
la patience et la sagacité de l'homme tiennent presque
du merveilleux.

Moufet en parle dans ses écrits, et nous apprend qu'un
Anglais, nommé Marc, faisait tirer par une puce une

chaîne d'or de la longueur du doigt, qui était munie d'un cadenas fermant à clef.

Un ouvrier anglais, au rapport de Hoock, avait construit un petit carrosse en ivoire à six chevaux, avec un cocher sur le siège, tenant un chien entre les jambes, un postillon, quatre voyageurs dans la voiture et deux laquais derrière. Ce minuscule équipage était traîné par une puce.

« Il y a, je crois, une quinzaine d'années, écrivait le baron Walckenaer en 1844, que tout Paris a pu voir les merveilles suivantes que l'on montrait sur la place de la Bourse pour la somme de 0 fr. 60 ; c'étaient des puces savantes. Je les ai vues et examinées avec mes yeux d'entomologiste armés de plusieurs loupes. Trente puces faisaient l'exercice, et se tenaient debout sur leurs pattes de derrière, armées d'une pique, qui était un petit éclat de bois très mince. Deux puces étaient attelées à une berline d'or à quatre roues, avec postillon, et elles traînaient cette berline ; une troisième puce était assise sur le siège du cocher avec un petit éclat de bois qui figurait le fouet. Deux autres puces traînaient un canon sur son affût. Ce petit bijou était admirable ; il n'y manquait pas une vis, un écrou. Toutes ces merveilles, et quelques autres encore, s'exécutaient sur une glace polie. Les puces-chevaux étaient attachées avec une chaîne d'or par leurs cuisses de derrière ; on m'a dit que jamais on ne leur ôtait cette chaîne. Elles vivaient ainsi depuis deux ans et demi ; pas une n'était morte dans cet intervalle. On les nourrissait en les posant sur un bras d'homme qu'elles suçaient. Quand elles ne voulaient pas traîner le canon ou la berline, l'homme prenait un charbon allumé qu'il promenait au-dessus d'elles, et aussitôt elles se remuaient et recommençaient leurs exercices. Toutes ces merveilles étaient décrites dans un programme imprimé qu'on distribuait gratis, et qui, sauf l'emphase des mots, ne contenait rien que de vrai et d'exact. »

Ce charbon allumé, qui était promené au-dessus des puces, n'avait pas pour but, bien entendu, de les effrayer et de les ramener ainsi, par la crainte, au sentiment du devoir et de l'obéissance, mais d'exciter leur activité par la chaleur qu'il dégageait.

Le 16 janvier 1846, Obicini, dompteur de puces, eut l'honneur de donner une représentation devant le roi Louis-Philippe ; et l'une de ses artistes, une forte puce napolitaine, du nom de *Lucia*, poussa l'audace et l'indiscrétion jusqu'à s'égarer dans le dos du duc d'Aumale. Le duc renvoya le soir la puce à son propriétaire, avec un billet contenant ces mots : « Elle a dîné. »

En 1875, il signor Bertolotto, professeur italien, dirigeait à New-York, Union Square, 39, des représentations très goûtées où les rôles étaient tenus par des puces. La troupe comptait cent sujets.

Au début de la représentation, les spectateurs pouvaient admirer une passe d'armes entre *don Quichotte* et *Sancho Pança*, tous deux montés sur de petits chevaux en papier, et manœuvrant la lance avec ardeur et habileté. Puis, on voyait une puce attelée à un chariot d'or qui pesait douze fois son propre poids, et qu'elle n'en faisait pas moins rouler autour de la table. Une autre puce traînait un petit boulet en or, attaché avec une chaîne longue d'un pouce et comptant quatre cents anneaux.

Mais le clou du spectacle était un bal, où figuraient au moins deux douzaines de puces. Au bout de la salle était l'orchestre, chaque musicien tenant son instrument en position normale. Les danseurs prenaient place au centre, attendant dans la plus parfaite immobilité que l'orchestre eût fait entendre ses premiers accords. Dès que la boîte à musique commençait à moudre une contredanse, tout le monde se mettait en mouvement, les danseurs gigotant avec frénésie, les musiciens râclant désespérément leurs simulacres de violons.

Vers le 1er janvier 1876, on put voir à Paris, rue Vivienne, les merveilleux exploits d'une troupe de puces

12

savantes, dont M. Tissandier a décrit ainsi les hauts faits :

« Chaque objet exhibé est placé sur un petit plateau ; on le voit très nettement à l'œil nu, mais, en s'armant d'une loupe, on peut en observer plus complètement tous les détails. On voit d'abord un carrosse lilliputien, véritable petit chef-d'œuvre de construction délicate. Quatre puces y sont attelées, retenues au brancard par des ceintures qui les y maintiennent solidement. Une puce est fixée sur le siège, et une mince tige, imitant le fouet de ce cocher d'un nouveau genre, est attachée à la patte de l'insecte, qui la fait constamment mouvoir. Une autre puce est fixée au siège de l'arrière. Les quatre puces attelées cherchent naturellement à s'échapper ; elles ne peuvent sauter, puisqu'elles sont retenues par la partie supérieure du corps, et leurs efforts se traduisent par la marche et la progression en avant ; elles font ainsi rouler le petit carrosse que l'on voit s'avancer plus ou moins vite.

« A côté du carrosse, deux puces se battent en duel à la façon des hannetons que les écoliers posent dans la cire molle. Elles sont attachées à l'extrémité de deux tiges verticales, et les deux petits morceaux de bois qu'on a adaptés à leurs pattes toujours en mouvement, se croisent et s'entrecroisent comme les fleurets des amateurs d'escrime.

« Plus loin, un petit moulin à vent est mis en rotation par le travail d'une puce. Celle-ci est attachée par le dos dans l'intérieur du moulin ; en agitant ses pattes, elle fait tourner un cylindre monté sur un axe, et qui, par sa rotation, entraîne les ailes du moulin.

« Une autre puce est attachée par la patte à une chaîne métallique, qui se termine par un petit boulet ; elle se trouve ainsi condamnée à la chaîne du galérien ; et tantôt elle la soulève par ses sauts, tantôt elle l'entraîne avec elle quand elle marche.

« L'exhibition ne se termine pas encore là ; le montreur

de puces vous présente un puits, dont la corde est tirée par le frottement des pattes d'une puce, et l'on voit un seau qui est élevé au-dessous de la poulie, dans la gorge de laquelle passe la corde, comme dans les puits de campagne.

« Une puce est enfin munie d'une selle, et l'on distingue à la loupe une petite poupée microscopique, découpée dans je ne sais quelle substance, et qui a la position d'un cavalier à cheval.

« Enfin, la représentation se termine par un coup de canon tiré par une puce. L'appareil qui sert à cette opération est conçu d'une manière fort ingénieuse. Une puce est attelée à un petit manège ; en marchant, elle le fait tourner. Au côté opposé à l'attelage, un petit fil de platine porte à son extrémité inférieure une gouttelette d'acide sulfurique. Le liquide arrive au-dessus de l'âme du petit canon ; là, il tombe sur une poudre placée sur le canon, et formée d'un mélange de chlorate de potasse et de sucre pulvérisé, qui, comme on le sait, a la propriété de s'enflammer spontanément au contact de l'acide sulfurique. Le coup part, et fait entendre une détonation très appréciable. »

Pour obtenir des puces de semblables résultats, il faut assurément que l'homme qui les dresse soit doué d'une patience à toute épreuve ; il convient toutefois de faire remarquer que, pour arriver au but, il lui suffit de mettre en jeu, en les modifiant dans le sens voulu, certains instincts dont ces menus insectes sont naturellement doués.

Pas plus que les autres animaux dressés ou domptés auxquels on fait exécuter des travaux qui semblent dénoter une réelle intelligence des actes auxquels ils se livrent, les puces savantes ne comprennent ce qu'elles font.

Elles n'ont aucun but en agissant, et le produit de leurs efforts, qui semble dû à une réflexion intime, est calculé d'avance en quelque sorte mathématiquement, pour donner l'illusion d'un acte accompli volontairement.

L'instinct habilement excité par l'homme, dans les travaux qu'exécutent les puces, est simplement celui qui est
commun à tous les animaux sans défense, l'idée de la
conservation par la fuite. La grande difficulté est de
limiter les manifestations de cet instinct à la mesure
exacte où elles doivent être utiles. Pour les puces, on
arrive assez facilement à ce résultat, paraît-il, en les
enfermant dans une boîte où elles se cognent fortement la
tête à chaque fois qu'elles sautent, ce qui leur enseigne à
leurs dépens à modérer leur allure.

Donc, la puce qui traîne un chariot ou qui fait tourner
les ailes d'un minuscule moulin, est simplement une puce
captive qui cherche à se délivrer de ses liens et qui a
transformé, grâce à l'intervention de l'homme, dont la
peine s'est d'ailleurs bornée là, ses bonds en une marche
régulière.

Dans les parties chaudes de l'Amérique, en particulier
au Brésil, habite une puce autrement incommode et
inquiétante que la nôtre, la puce pénétrante ou chique,
reconnaissable surtout à son front anguleux, portant une
série de petites pointes simulant des dents de scie.

Cette puce pénètre à travers la peau des animaux à
sang chaud et de l'homme, et se fixe de préférence
en dessous des ongles des orteils ou en d'autres parties
du pied. Son abdomen alors se gonfle, et atteint, en quelques jours, le volume d'un petit pois.

La présence du parasite ne produit d'abord qu'une
démangeaison et une rougeur locales. Mais bientôt, une
ou plusieurs autres puces viennent se fixer au point
attaqué, et il en résulte de l'inflammation, des suppu-
rations ; quand la gangrène envenime la plaie, il faut
couper l'orteil. On cite quelques cas de mort dus à la
redoutable puce.

Lorsqu'elle a pondu ses œufs, cette puce meurt, et son
cadavre est expulsé par la guérison de la plaie. Il n'est pas
prudent, cependant, d'attendre pour être débarrassé de la

chique, qu'elle arrive d'elle-même à ce terme normal ; il
est préférable, dès qu'on a reconnu sa présence, de la faire
extraire.

Cette opération est généralement confiée aux négresses
et aux mulâtresses, auxquelles s'adressent même les

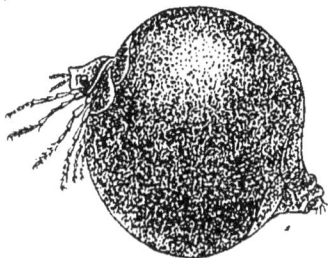

Fig. 95. — Puce chique.

médecins qui sont atteints de chique. Chez les Indiens
Galibis, la lèvre inférieure des femmes est perforée de
manière à y maintenir constamment une épingle qui leur
sert à enlever les chiques. Au Brésil, le soin d'échiquer
revient aux enfants, dont le regard plus perçant distingue
mieux le point rouge qui marque l'endroit par où la puce
a pénétré.

Le cousin, qui est aussi un ami de notre sang et un
ennemi de notre repos, appartient, comme la puce, à
l'ordre des diptères ; mais il en présente les caractères
avec beaucoup plus de perfection.

Il offre, en effet, seulement deux ailes membraneuses,
la paire postérieure étant remplacée par deux filets ter-
minés par un renflement, qui servent à équilibrer l'insecte
au vol et qu'on appelle, à cause de cela, les balanciers.

On le reconnaît, parmi les mouches qui offrent une
forme analogue, à sa trompe allongée et grêle, à ses
pièces buccales conformées en lancettes, et capables, par
suite, de piquer. Chez les mâles, les palpes sont velus et
s'allongent au delà de la trompe, formant à la tête, avec
les antennes plumeuses, un ornement gracieux et élégant.

Les ailes sont traversées par plusieurs nervures dirigées
dans le sens de leur longueur.

Beaucoup de personnes confondent avec le cousin
d'autres diptères assez semblables d'aspect, les tipules,
par exemple, qui voltigent parmi les herbes hautes des
prés, en se balançant sur leurs pattes longues et grêles
comme celles des faucheurs,.et s'en écartent avec une prudence méfiante. Mais les tipules, bien qu'ordinairement

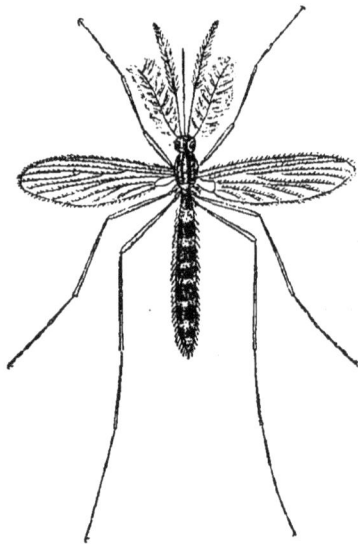

Fig. 96. — Le Cousin, fortement grossi.

plus grandes que le cousin, doivent au faible développement de leurs parties buccales d'être complètement inoffensives, et le redoutable dard du cousin reste son privilège.

Dans nos pays, le cousin se multiplie de préférence avec
activité au voisinage des cours d'eau, et il est remarquablement abondant dans les plaines coupées de nombreux
canaux.

Par les soirées tièdes, il s'échappe des marécages, où il
a passé la première période de son existence, en essaims

piaulants, qui pénètrent dans les chambres par les fenêtres, et viennent, avides de sang, rôder autour des lits.

Au bourdonnement précurseur qui tourne autour de sa

Fig. 97. — Tipule.

tête, le dormeur se réveille brusquement; et, lourd encore de sommeil, il agite la couverture pour éloigner l'importune bestiole. Vains efforts ! Le moustique ne se décourage pas pour si peu. Cessant insidieusement ses battements d'ailes, il vient se poser sur le visage, sur la main, là où la peau plus fine lui permettra de satisfaire facilement son appétit.

Une légère douleur avertit le patient : la pointe du dard a pénétré dans l'épiderme ; petit à petit, l'aiguillon s'enfonce, et en même temps l'étui se recourbe, formant un arc dont l'extrémité renflée vient s'appuyer au bord de la petite blessure pour maintenir en place le délicat stylet.

Le bourdonnement des cousins est très aigu, et peut être comparé aux sons qu'on obtient des plus petits diapasons donnant au moins 60,000 vibrations par seconde.

Fait assez singulier, et qui est peu connu généralement, ce sont les femelles seules qui ont soif de notre sang; les mâles, eux, sont plus pacifiques, et passent leur existence à se livrer à de capricieuses danses aériennes.

Le cousin n'est guère moins avide que la punaise. A mesure qu'il boit, on voit son abdomen se distendre et devenir rouge. Il faut se garder, quand une fois le dard a pénétré dans la peau, d'écraser l'insecte, car alors toute sa salive envenimée se répand dans la plaie et provoque une démangeaison insupportable. L'accident est moins grave si on se résigne à lui laisser achever paisiblement son repas, et c'est évidemment à ce parti qu'on doit s'arrêter. Entre deux maux, il faut savoir choisir le moindre.

Ce n'est que le soir et la nuit que les cousins se rapprochent des habitations, en quête d'une victime à sucer. La lumière du jour semble les gêner. Tant que le soleil luit, ils se tiennent en repos dans les bois, dans les prés, au bord des eaux, cramponnés de préférence à la face inférieure des feuilles et se balançant, grâce à leurs pattes grêles, sur un rythme lent. Au moment du crépuscule, ils se réunissent en troupes dans les airs.

Dans les forêts ombragées, les promeneurs sont aussi bien exposés en plein jour que le soir à leurs importunes attaques; et s'endormir sous bois, c'est s'abandonner à leur discrétion.

Parmi les insupportables insectes qui rendent les nuits si pénibles dans les pays chauds ou dans les régions boréales largement arrosées de rivières, de marécages et de lacs, et qu'on englobe sous la dénomination générale de moustiques, les cousins figurent au premier rang.

Les îles Barbade, les bords des fleuves de l'Amérique équinoxiale sont littéralement infestés par ces sanguinaires bestioles ; on se défend à grand'peine de leurs attaques nocturnes, en disposant autour des lits des moustiquaires de gaze, qui ne refusent pas toujours rigoureusement le passage aux hôtes dont ils devraient garantir, et qui présentent l'inconvénient de gêner beaucoup la respiration et de rendre la chaleur plus intolérable.

Dans le Haut-Canada, région des grands lacs, les moustiques prolifèrent avec une telle abondance que les bisons sauvages et les animaux domestiques, tourmentés par leurs piqûres, passent les journées (d'été constamment plongés dans l'eau, ne laissant sortir que leur mufle pour respirer.

Près de l'Orénoque, la question par laquelle on se salue n'est pas, comme chez nous : « Comment allez-vous? » mais bien : « Comment les *mosquitos* se sont-ils comportés cette nuit? »

Les plaintes contre les moustiques ne datent pas d'hier.

Pausanias rapporte que la ville de Myus, en Carie, se trouvait située sur un golfe qui devint un lac par suite d'un apport de vase dû au Méandre ; l'eau de ce lac cessa d'être salée, et les moustiques s'y développèrent alors en telle quantité que les habitants abandonnèrent leur ville et se dirigèrent vers Milet.

Tous les voyageurs ont fait d'amers reproches aux moustiques. Le capitaine Bach raconte les souffrances qu'il eut à endurer de leur part dans son voyage à la recherche de la rivière du Poisson, qui se jette dans l'Océan arctique américain :

« Parmi les nombreuses misères inhérentes à la vie aventureuse du voyageur, il n'en est point de plus insupportable et de plus humiliante que la torture que vous fait subir cette peste ailée. En vain, vous essayez de vous défendre contre ces buveurs de sang ; en vain, en abattez-vous des milliers, d'autres milliers arrivent aussitôt pour venger la mort de leurs compagnons, et vous ne tardez pas à vous convaincre que vous avez engagé un combat où votre défaite est certaine. La peine et la fatigue que vous éprouvez à chasser ces innombrables assaillants deviennent à la fin si grandes qu'à moitié suffoqué vous n'avez plus d'autre ressource que de vous envelopper d'une couverture et de vous jeter la face contre terre pour tâcher d'obtenir quelques minutes de répit. »

Cependant, de même que toute médaille a un revers, les plus vilaines choses ont leur beau côté. Et les moustiques peuvent, paraît-il, rendre parfois des services. C'est ainsi qu'une dame de Vera-Cruz, plongée dans un sommeil comateux qui la conduisait tout doucement à la mort, dut son salut à l'ingénieuse idée d'un médecin nommé Delacour, qui la soumit pendant deux heures, à découvert, aux piqûres des moustiques. Ceux-ci eurent raison de l'engourdissement, et la saignée fut souveraine, car la malade guérit.

On a essayé différents moyens pour se défendre contre les attaques des moustiques ; mais les personnes délicates pourront penser que le remède est au moins aussi désagréable que le mal.

Les Cafres, les Hottentots s'enduisent le corps de graisse rance ; le Lapon se résigne à vivre dans une hutte enfumée. L'essence de girofle, si on peut la supporter sur la peau, jouit, paraît-il, de la propriété d'éloigner les moustiques, tant qu'elle répand son odeur.

Dans les années où ces insectes sont abondants, on cherche parfois à les écarter en allumant de grands feux répandant une épaisse fumée. Mais ce moyen est insuffisant, tant la troupe des assaillants est quelquefois extraordinairement nombreuse.

On a signalé des cas où les cousins voyageaient en

essaims si compacts qu'ils formaient de véritables nuées. Les rives de certains cours d'eau se sont montrées plusieurs fois couvertes par une grande épaisseur de cadavres de petites espèces.

Guérin-Méneville rapporte avoir vu, dans les Basses-Alpes, des quantités innombrables de cousins qui voilaient absolument la clarté du soleil, ainsi qu'un écran opaque. Ces cousins étaient probablement d'espèce analogue à ceux que de Saulcy, qui accompagnait le prince Napoléon en 1856 dans son voyage aux régions polaires, a rencontrés dans l'Europe boréale, où ils étaient en nombre incalculable.

Les cousins pondent leurs œufs dans l'eau. Ils choisissent toujours les nappes stagnantes ou tranquilles, mais peu leur importent, d'ailleurs, les dimensions du

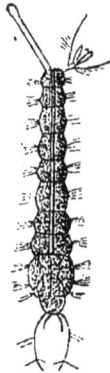

Fig. 98. — Larve du Cousin, très grossie.

récipient, que ce soit un étang, une flaque d'eau dans une ornière ou un tonneau d'arrosage.

Des œufs sortent des larves grêles, allongées, qui, sur leur avant-dernier segment abdominal, portent un conduit trachéen oblique et émergeant hors de l'eau ; car ces larves se tiennent presque toujours la tête en bas.

D'ordinaire, on les voit immobiles ou se tortillant lentement près de la surface du liquide ; mais elles plongent au moindre ébranlement qu'on imprime à celui-ci, pour venir bientôt reprendre leur première position.

Avant d'arriver à son complet développement, la larve du cousin subit trois mues. A chaque mue, elle vient flotter à la surface de l'eau, contournée en point d'interrogation ; derrière la tête, l'épiderme s'ouvre par une fente qui laisse sortir la nouvelle larve, seulement distincte de la précédente par sa taille plus forte. Les dépouilles vides sont mangées par les larves elles-mêmes.

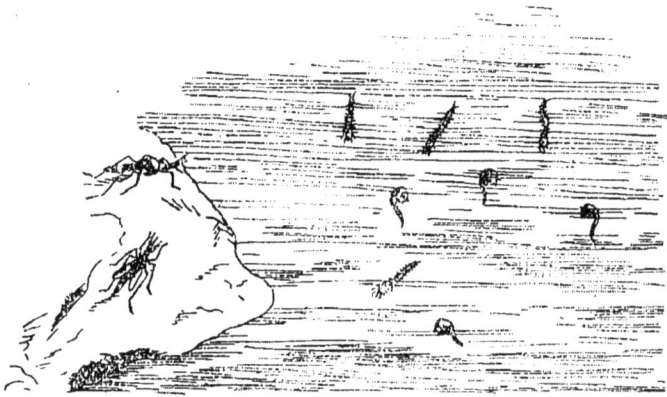

Fig. 99. — Le Cousin ; sa larve ; sa nymphe.

A la quatrième mue, la forme de la larve subit une modification : de grêle, elle devient épaisse, comprimée par le côté ; sur la partie supérieure de son thorax s'insèrent deux tubes en forme de cornets. La nymphe est agile, grâce à deux nageoires planes accompagnées de deux longues soies.

Lorsqu'elle est prête à passer à l'état adulte, son thorax se fend, et par l'ouverture sort le cousin, la tête la première. Il se dresse verticalement sur la dépouille nymphale, devenue une nacelle qui flotte sur l'eau.

Le moment est critique.

Vienne un coup de vent, et la frêle embarcation chavire, noyant le cousin, qui ne saurait vivre maintenant dans l'élément dont il tirait son existence quelques minutes auparavant.

S'il ne survient pas d'accident, la frêle bestiole laisse un instant sécher son épiderme ; puis, appuyant sur l'eau ses longues pattes, elle étire ses ailes, et prend son vol.

Quelques autres diptères, sans manifester aucune préférence marquée pour notre chair ou notre sang, s'attaquent cependant accidentellement à l'homme.

Ainsi, les simulies, qui s'éloignent de l'aspect général des tipules et des cousins, et, par leur forme plus épaisse, plus trapue, se rapprochent des véritables mouches. Elles se réunissent par quantités considérables aux creux des rochers, et se répandent de là comme une nuée brumeuse, causant d'intolérables tortures aux bestiaux et aux hommes sur lesquels elles s'abattent.

Elles piquent l'homme de préférence au coin de la paupière, et leurs piqûres sont, dit-on, plus dangereuses et plus douloureuses que celles du cousin. Quand elles se jettent sur les animaux, comme elles sont très petites, puisqu'elles ont au plus la taille d'une puce, elles s'insinuent facilement par toutes les ouvertures, la bouche, les oreilles, les naseaux, et martyrisent les pauvres bêtes par leurs innombrables coups de dard.

Si vous vous êtes quelquefois promené, en été, par une route forestière exposée aux ardeurs du soleil, vous avez dû voir, descendant silencieusement des feuillages où elle se tenait en repos et venant tourbillonner autour de vous, puis se poser sur vos vêtements, une belle mouche aux ailes grises tachées de noirâtre, aux grands yeux luisants avec un reflet d'or. C'est le taon aveuglant.

Comme le taon des bœufs, il affectionne, pour le percer de ses coups de lancette, le cuir des chevaux et des bœufs ; mais, à l'inverse de son congénère, il ne fuit pas l'homme, et ne perd aucune occasion de le piquer, même au travers des vêtements. La piqûre est très douloureuse, et provoque presque toujours un cri de surprise effrayée ; elle peut évidemment être dangereuse si la trompe de l'insecte est chargée de quelque produit infectieux.

Il n'y a pas probablement de mouches qui soient venimeuses par elles-mêmes ; et quand leur piqûre détermine une affection maligne, le charbon, par exemple, il est vraisemblable qu'elles ne sont que des agents de transmission, et que leur dard inocule simplement le microbe dont il s'est chargé sur un animal contaminé.

C'est ainsi que les accidents provoqués par la piqûre de

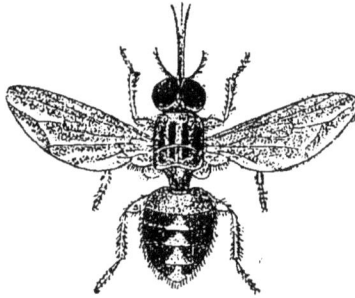

Fig. 100. — La Tsé-tsé des lacs d'Afrique (*Glossina morsitans*).

la redoutable tsé-tsé, des grands lacs d'Afrique, paraissent dus à un empoisonnement indirect.

Cette mouche, qui offre à peu près la taille de notre insupportable mouche domestique, habite la zone torride de l'Afrique australe ; ses piqûres sont toujours mortelles pour les animaux domestiques ; aussi la région, assez limitée, où on la rencontre, est-elle évitée comme la peste, et on ne se risque à la traverser avec des animaux que pendant la nuit.

Livingstone perdit en quelques jours, du fait de cette mouche, quarante-trois bœufs. Elle pique indifféremment tous les animaux à sang chaud, et l'homme ; mais l'action de son poison offre une bizarre variabilité. Il laisse indemnes l'homme, la chèvre, l'âne, les veaux à la mamelle, même suçant le lait d'une vache piquée, et, dit-on, les chiens qui sont nourris exclusivement de chair ; il est mortel, au contraire, dans un délai plus ou moins long, pour tous les autres animaux domestiques.

Bien que nous soyons à l'abri de leurs attaques, peut-être ne sera-t-il pas sans intérêt d'accorder ici une rapide mention à quelques mouches dont les larves vivent sur les mammifères domestiques ou sauvages, le bœuf, l'âne, le cheval, le renne, le cerf, l'antilope, le mouton, le lièvre, le lapin.

Le parasitisme de ces espèces ne peut être assimilé aux répugnants cas de myiasis dont nous avons parlé dans un autre chapitre ; en effet, leur présence dans les tissus ne détermine qu'une incommodité passagère, ne cause pas la mort, et ne trouble en aucune manière le jeu régulier des organes.

On les range toutes dans la famille des œstrides, et elles se partagent, suivant la région du corps qu'elles attaquent, en trois catégories : les gastricoles, dont les larves subissent leur évolution dans l'estomac ; les cuticoles, vivant sous la peau dans des tumeurs qu'elles occasionnent ; les cavicoles, qui se développent dans les narines et les sinus frontaux.

A la première catégorie appartiennent les œstres, dont le plus connu est l'œstre du cheval, qui habite toute

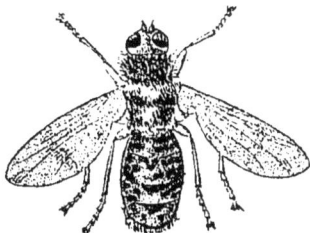

Fig. 101. — Œstre du cheval.

l'Europe. Cette mouche vit au voisinage de l'homme partout où celui-ci nourrit des chevaux ; elle est assez familière et se laisse prendre aisément.

Les femelles opèrent leur ponte par les temps chauds et

clairs ; elles s'approchent silencieusement des chevaux, des ânes, des mulets, planent quelque temps, comme incertaines, puis, réunissant en un faisceau un petit

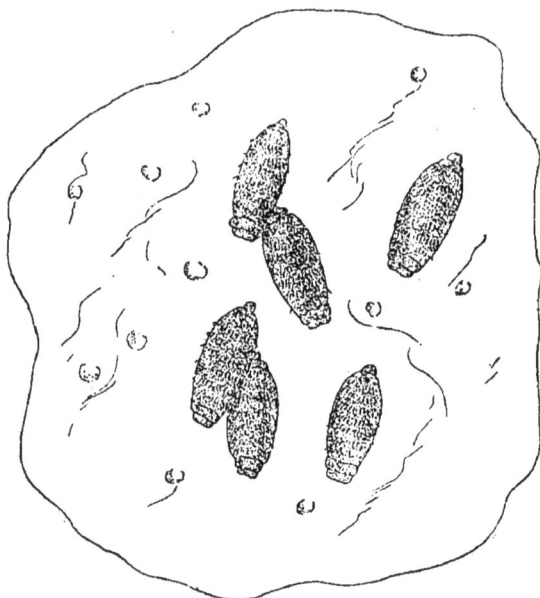

Fig. 102. — Larves de l'Œstre du cheval.

nombre de poils, elles y agglutinent un ou plusieurs œufs. Elles choisissent de préférence les jambes et les épaules, parce que l'animal atteint facilement ces parties avec la

Fig. 103. — Tête de la larve de l'Œstre du cheval.

langue. Les jeunes larves sorties des œufs déterminent sur la peau une légère démangeaison ; l'animal se lèche, et les avale.

L'ennemi est ainsi dans la place. Les larves s'accrochent

solidement par leurs mandibules, et se mettent à sucer la paroi de l'estomac, comme ferait une sangsue ; peu à peu chacune d'elles se trouve logée dans une cavité spéciale, sorte de plaie d'où coule une suppuration dont elles se nourrissent. Elles peuvent demeurer dans l'estomac jusqu'à quinze mois. Quand elles sont prêtes à se transformer, elles cheminent dans l'intestin, pour être rendues avec les excréments ; une fois sorties de l'intestin, elles s'enfoncent en terre, et se transforment en nymphe, d'où sort, au bout de six semaines, l'insecte parfait.

On range dans la deuxième catégorie les cutérèbres, les œdémagènes et les hypodermes, dont les larves vivent sous la peau et y déterminent des abcès. Les cutérèbres ont été trouvés sur l'homme, le chien, le bœuf, la chèvre, le jaguar, le singe. Ils habitent surtout les zones chaudes de l'Amérique. Cependant, on en connaît deux espèces de Russie, vivant sous la peau du lièvre et du lapin.

L'hypoderme du bœuf vit, à l'état de larve, sous le cuir de ce ruminant ; il y détermine la formation d'une pustule qui, au bout d'un certain temps, vient s'ouvrir à l'exté-

Fig 104. — Hypoderme du bœuf.

rieur. Par ce chemin, la larve sort, tombe sur la terre, s'y endort du sommeil nymphal, et finalement subit sa dernière transformation ; son développement complet dure environ une année.

La plus connue des œstrides cavicoles est l'œstre du mouton, petite mouche qu'on trouve, vers la fin de l'été,

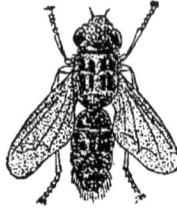

Fig. 105. — Œstre du mouton.

aux endroits où les moutons vont paître, dans les crevasses des écorces ou les interstices des murailles.

L'approche de cette mouche inspire au mouton une véritable terreur ; il la fuit, le museau baissé, secouant la tête pour s'en débarrasser et frappant violemment la terre de ses pattes de devant.

On pourrait ajouter à cette série quelques mouches à l'organisation assez dégradée, qui vivent à l'état adulte sur des animaux à sang chaud.

Sur les chevaux et les bœufs, dans les régions peu velues de leur corps, on trouve l'hippobosque du cheval, mouche-

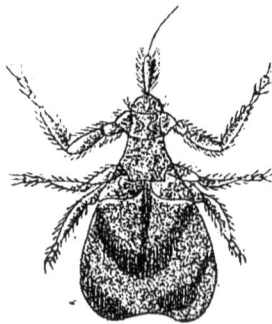

Fig. 106. — Mélophage du mouton.

araignée de Réaumur, à l'abdomen d'un gris jaunâtre, le reste du corps d'un jaune de rouille. Les ornithomyies vivent sur les oiseaux, accrochées aux barbes des plumes.

Le mélophage du mouton, sorte de pou long de trois millimètres, se développe dans la toison du mouton ; il offre des antennes semblables à des tubercules, de petits

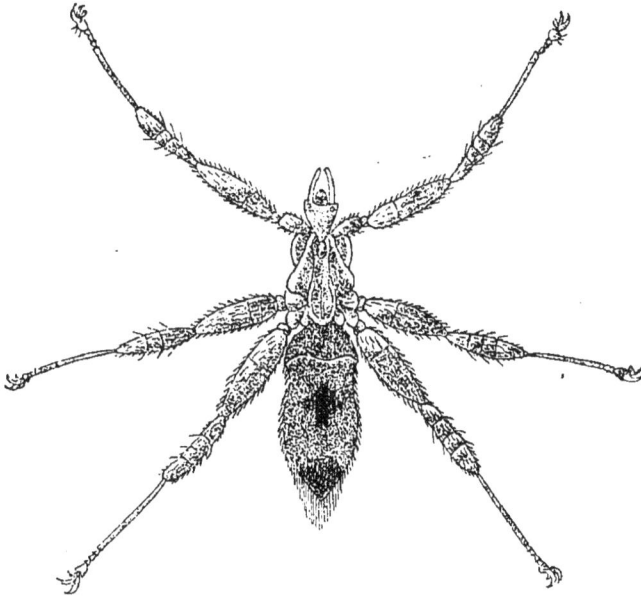

Fig. 107. — Nyctéribie de la chauve-souris.

yeux étroits, et des ongles à deux dents. Les nyctéribies, mouches dégradées, privées d'ailes et de balanciers, vivent sur les chauves-souris.

Malgré que nous ayons à en parler une certaine répugnance, cette rapide histoire de nos parasites ne serait pas complète si nous n'accordions quelques lignes aux poux, vermine que tout le monde connaît plus ou moins, et sur le portrait général de laquelle, par conséquent, nous ne nous appesantirons pas.

Ces désagréables parasites se rencontrent sur l'homme, sur un grand nombre de mammifères, singes, porcs, ruminants, rongeurs, phoques, et sur beaucoup d'oiseaux. Nous avons figuré la silhouette de quelques espèces, qui donneront une idée de la physionomie générale du groupe.

Les poux sont ovipares. Ils collent leurs œufs, ou *lentes*, aux poils ou aux cheveux, à l'aide d'un enduit agglutinant. Leur fécondité est de nature à confondre l'imagination.

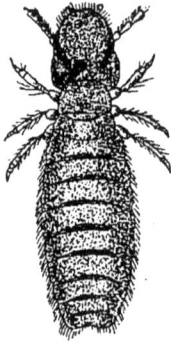

Fig. 108. — Pou du mouton.

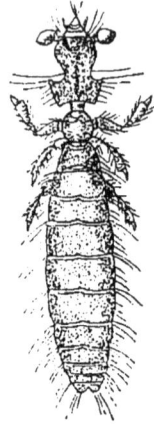

Fig. 109. — Pou du cochon d'Inde.

D'après Leuwenhoeck, une seule mère peut fournir en peu de temps cinq mille petits, tous aptes à se reproduire au bout de quinze jours.

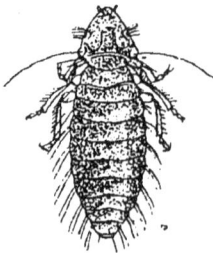

Fig. 110. — Pou du coq.

Fig. 111. — Œuf du Pou, ou lente, sur un cheveu.

On trouve sur l'homme deux espèces de poux : le pou de la tête, et le pou du corps. L'un n'est pas moins répugnant que l'autre. Le premier se distingue du second par son thorax moins élargi en arrière, par ses segments abdominaux plus profondément échancrés, plus nettement bruns à la marge.

Il habite exclusivement la tête de l'espèce humaine, et affectionne plus particulièrement les enfants. On s'en délivre en lavant la tête avec une forte décoction de tabac, avec de l'eau de savon, ou avec un corps gras qui, en obstruant les stigmates de l'insecte, le fait périr asphyxié.

Un des meilleurs moyens de se débarrasser de ces hôtes incommodes est de leur faire la chasse et de les tuer individuellement. Dans le midi de l'Europe, c'est le dimanche

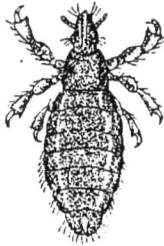

Fig. 112. — Pou de la tête.

qui est plus spécialement consacré à la recherche des poux. M. Emile Blanchard a vu, dans l'île de Tavignana, une famille former six étages de chercheurs de poux, superposés par rang de taille sur des escabeaux et des chaises.

Le pou du corps pond ses œufs dans les coutures des vêtements de dessous ; aussi se rencontre-t-il généralement chez les personnes qui, soit pauvreté, soit négligence, ne changent pas de linge aussi souvent que la propreté le demande. Au commencement de ce siècle, il infestait les hôpitaux, les casernes et les navires ; mais il est bien plus rare aujourd'hui. Certaines agglomérations nomades cependant, cirques ou troupes foraines, ont conservé avec lui d'excellentes relations, et le promènent de ville en ville.

Il se développe avec une abondance et une rapidité extraordinaires dans une affection rare à notre époque, la

maladie pédiculaire ou phthiriasis, qui se retrouve à l'état
endémique dans certains pays à population malpropre et
pauvre, dans les Asturies, en Pologne, et dont seraient
morts Platon, Hérode, Antiochus, Sylla, Agrippa, Valère
Maxime, Philippe II d'Espagne, Ferdinand IV.

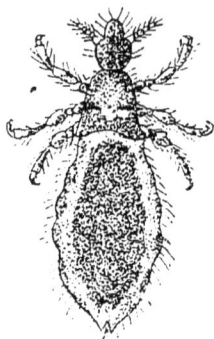

Fig. 113. — Pou du corps.

D'après le récit d'un médecin portugais du xvi⁰ siècle,
Amatus Lusitanus, les poux s'engendraient avec une telle
rapidité sur un riche seigneur atteint de cette maladie,
que deux domestiques étaient exclusivement occupés à
les recueillir dans des corbeilles, et à les porter à la
mer.

Cette vermine infeste fréquemment l'homme sauvage,
trouvant un abri facile dans sa chevelure inculte et emmê-
lée. Tous les voyageurs rapportent avoir vu des poux sur
les nègres d'Afrique, sur les Indiens d'Asie et d'Amérique,
sur les indigènes de la Nouvelle-Hollande.

Des sauvages, les poux ne demandent pas mieux que de
passer à l'homme civilisé qui leur rend visite ou qui se
mêle à leur vie. D'après Perty, les Indiens du Brésil, sans
doute assez soigneux, sont ordinairement exempts de
vermine; et celle-ci est au contraire très fréquente sur
certains colons paresseux et malpropres. Il n'est pas rare,
paraît-il, de rencontrer des mères qui refusent de marier
leurs filles, parce qu'elles ne veulent pas être privées, dans

leur vieillesse, de l'agréable passe-temps de faire la chasse à leurs poux. A chaque pays ses mœurs !

D'ailleurs, pour certains sauvages, attraper des poux n'est pas seulement une distraction, mais une satisfaction offerte à la gourmandise : car ils se gardent bien de jeter la vermine, dont ils se repaissent au contraire avec avidité.

Les Algonquins, les naturels des îles Aléoutes, les Hottentots, certaines peuplades de l'Australie, mangent leurs poux. Le capitaine Portlock raconte qu'étant à Portlock's Harbourg, il laissa à terre un marin en otage. Le malheureux fut bientôt couvert de vermine. « L'habitude ne l'avait pas rendu insensible à ces hôtes gênants ; aussi trouvait-il sa situation fort désagréable. A la fin, il détermina une femme à le débarrasser. Celle-ci, regardant sans doute les insectes parasites comme un mets choisi, se mit à la besogne de tout cœur et l'eut bientôt nettoyé. »

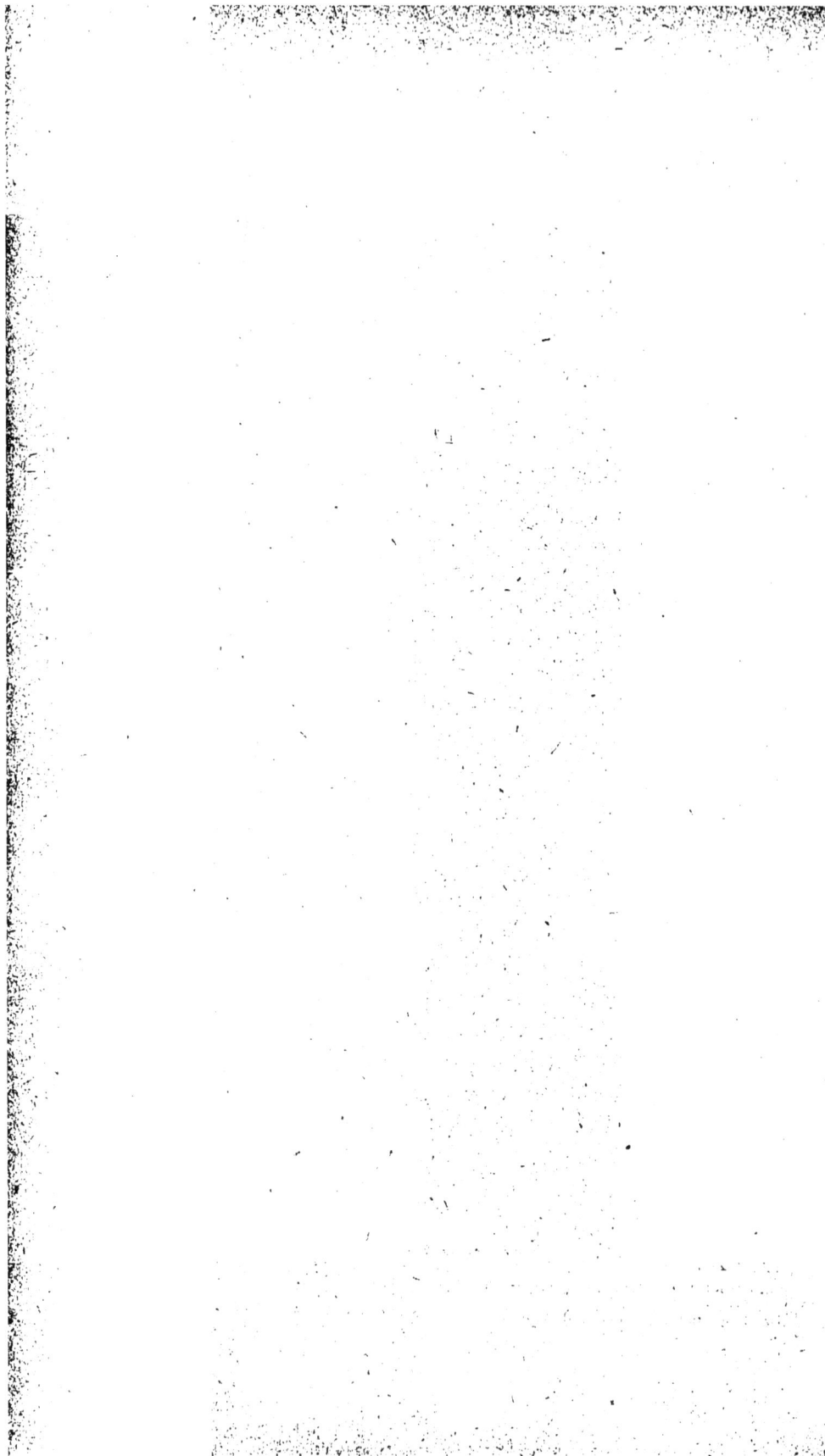

XII

AU BORD DES EAUX

La chaleur est accablante. Un vent sec et brûlant passe sur les champs, les prairies, et sous son haleine les herbes jaunissent. Le soleil, parvenu au plus haut point de sa course, éblouissant, incandescent, darde sur la terre ses implacables rayons.

Les animaux ont soif, et leur langue altérée, rouge, s'allonge entre leurs dents. Aux talus des fossés, les fleurs alanguies courbent la tête. Une odeur de foin brûlé monte des prés, où les bœufs énormes, immobiles, le mufle baissé, regardent vaguement, de leurs grands yeux stupides...

Éloignons-nous de la route, où le troupeau qui s'en vient bêlant, encadré par ses chiens maigres, soulève un nuage de poussière. La rivière nous invite au repos par sa fraîcheur, et voici un sentier ombragé qui y conduit.

Arrêtons-nous sous ce buisson d'aulnes, de peupliers et de saules, dont les rejetons encore grêles naissent des troncs coupés à fleur de terre. Nous serons bien en cet endroit pour contempler les évolutions des insectes aquatiques, aux légions nombreuses qui s'agitent parmi les herbes du bord, ou tourbillonnent à la surface de l'eau, ou nagent dans ses profondeurs opaques, ou se traînent obscurément sur la vase.

Le tableau est pittoresque, le paysage animé.

Encaissée entre ses deux rives hautes, la rivière torrentueuse court rapide, heurtant ses flots aux touffes vertes

qui çà et là émergent, les brisant, contre les troncs tombés
en travers de son lit, en gerbes de limpides diamants, ici
transparente et roulant sur des cailloux blancs, plus loin
glauque, mauvaise, tourbillonnante, pleine de mystère.

Sur l'autre rive, en face, s'étagent des talus, les uns
herbeux et couverts de grêles arbustes, les autres nus,
gris comme des rochers. Au bas de l'escarpement, des
sources jaillissent, des rigoles se creusent, très petits
affluents du large torrent, où ils viennent se jeter après
quelques détours sinueux, englobant des prés marécageux.

Des troupes de canards, que notre arrivée n'a guère
effrayés, évoluent parmi les nappes vertes et noires des
renoncules nageant à la surface de l'eau, qui s'égaie de
leurs fleurettes blanches.

Une vague invitation à la paresse, un désir de quiétude
s'empare de l'être tout entier à cette contemplation. Et
cependant quelle activité se cache sous ce calme silence de
la nature !

Les libellules, au vol lent, capricieux, aux yeux énormes
qui brillent comme des pierres précieuses, à l'abdomen
grêle, effilé, visitent tous les recoins de la berge, molle-
ment affairées, caressant par un rapide baiser le bout des
branches, les feuilles des roseaux, qui ne ploient point
sous ce poids léger.

Aux agrions délicats, dont les ailes sont faites de gaze
transparente, se mêlent les superbes caloptéryx, avec leur
corps allongé, leur cuirasse d'un vert métallique, leurs
ailes bleues.

Voici de petits bijoux brillants, en forme de lentilles
ovales, qui, aux endroits où le soleil fait miroiter l'eau, se
jouent en de rapides mouvements, décrivant des courbes
sans nombre, se croisant, s'entrecroisant.

Ce sont les gyrins, coléoptères timides : à la moindre
alerte ils vont cesser leurs jeux et se réfugier au revers de
quelque feuille, où ils attendent patiemment que le danger
se soit éloigné.

Fig. 114. — Agrion. — Libellule.

Légers, gracieux, brillants, ils glissent ainsi que de minuscules patineurs à la surface de l'eau, qui ne se ride même pas sous leur poids insignifiant; dans l'incandescente lumière de midi, ils semblent de fugitifs éclairs.

Fig. 115. — Gyrin.

Quand le temps est gris, froid, brumeux, quand le soleil morose se cache derrière un noir écran de nuages, les tourniquets ne se livrent point à leurs ébats; ils se tiennent mmobiles, cachés dans la vase ou parmi les plantes aquatiques qui bordent la rive.

Dans les fossés du marécage évoluent de lourds et assez disgracieux insectes, larges et comprimés, qui nagent avec une aisance un peu lente, contournant les tiges de roseaux, es rameaux des characées incrustés de calcaire.

Voici d'abord les dytiques, et en particulier le dytique bordé, reconnaissable à sa taille relativement considérable, à la bordure jaune qui encadre son corselet et une bonne partie de ses élytres. Les dytiques sont des carnassiers redoutables, et toute proie est bonne à leur robuste appétit.

Ils s'attaquent à la plupart des petits animaux aquatiques, et ils dévorent les jeunes carpes et les goujons. Si on les emprisonne dans un aquarium, on peut indifféremment les nourrir avec des larves d'insectes, avec du frai de grenouille ou de poisson, avec des vers de vase, avec des cadavres de souris ou de mulots, avec une tranche saignante de n'importe quelle viande.

Leurs larves ne sont pas moins voraces que les adultes. Munies de mandibules robustes, elles se dévorent entre

elles, ou font la guerre aux autres larves plus faibles.
Tapies en embuscade entre deux tiges, derrière une feuille
submergée, elles attendent patiemment qu'un malheureux
ver passe à leur portée ; elles s'élancent alors, se tortillant
ainsi qu'un serpent, et la victime est vite sacrifiée.

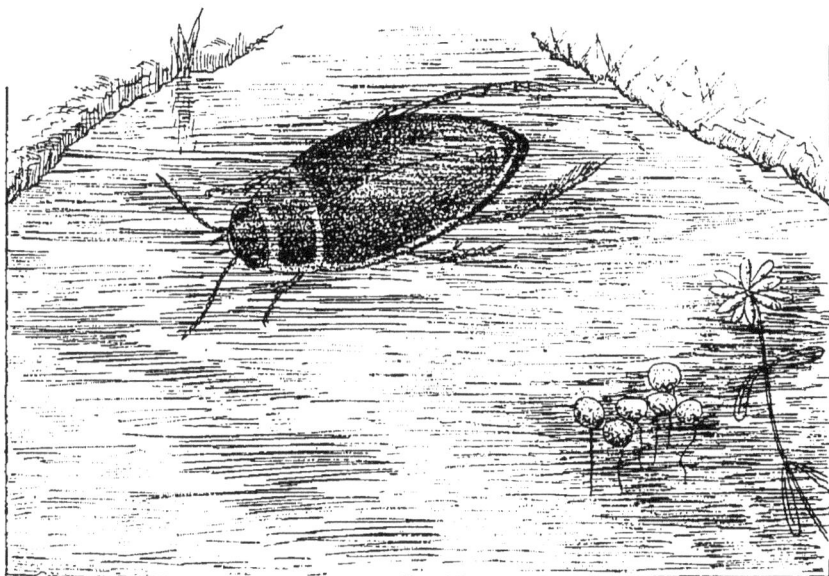

Fig. 116. — Dytique.

Les hydrophiles présentent la forme extérieure des
dytiques ; mais ils s'en distinguent très facilement par
leurs antennes renflées au sommet en une sorte de massue,
et non pas filiformes. Ces antennes ont un rôle très intéressant à remplir : ce sont elles qui assurent l'approvisionnement de l'oxygène nécessaire à la respiration.

Quand l'insecte vient à la surface, il sort sa tête de l'eau,
et l'une de ses antennes se recourbe de manière à entraîner
une certaine quantité d'air qui va former sous le corps une
couche argentée, retenue adhérente par un duvet très fin.

Les hydrophiles sont généralement de mœurs un peu
plus pacifiques que les dytiques, et se contentent pour
vivre des plantes aquatiques. Toutefois, la gourmandise

aidant, ils ne dédaignent pas à l'occasion une proie vivante,
et se permettent d'attaquer, sans doute pour s'aiguiser les
mandibules, des larves ou de menus poissons.

Fig. 117. — Larve du Dytique.

Une étude intéressante, à laquelle se prêtent la plupart
des insectes aquatiques, est celle de la conformation spéciale de leurs pattes, en raison du rôle qu'elles ont à jouer.

Ici, en effet, il ne s'agit pas de courir, ni de grimper, ni
de fouiller la terre : la natation est l'unique moyen de

déplacement, et c'est à la natation que doivent servir les pattes. Déjà la forme du corps, comprimée, ovale, aiguë aux deux extrémités comme une carène de navire, favorise merveilleusement les évolutions de l'insecte à travers les nappes liquides. Ces évolutions sont encore servies par la disposition des pattes, devenues de véritables rames.

Voici un petit groupe de notonectes, insectes allongés, à la livrée terne et glauque, au corps couvert d'un duvet

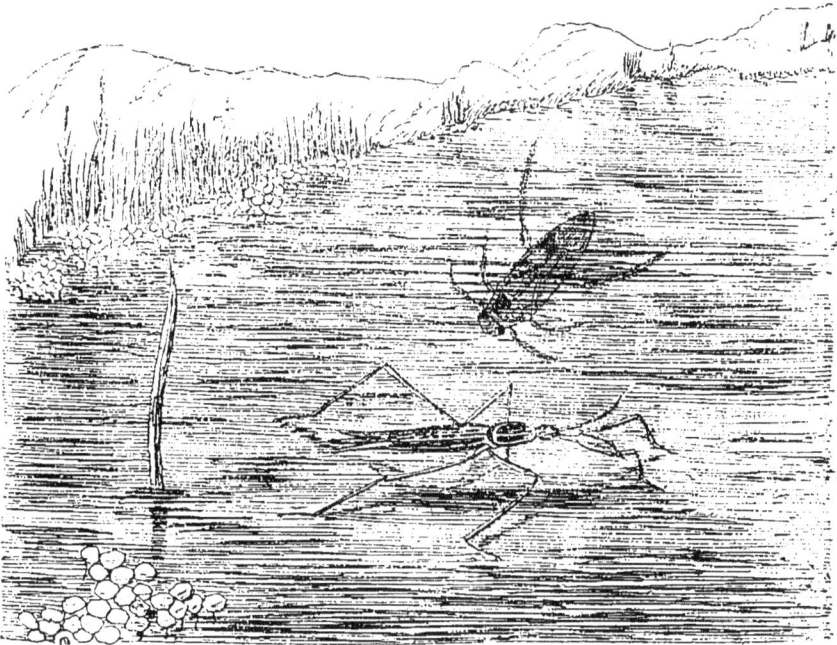

Fig. 118. — Hydromètre. — Notonecte.

court et serré comme du velours, à la tête large où s'enchâssent deux gros yeux.

Avec leurs longues pattes postérieures, ils se déplacent assez rapidement dans l'eau, où, fait curieux, ils ont coutume de se tenir le ventre en l'air, comme un nageur qui fait la planche.

Les poils dont est recouvert l'abdomen ont pour rôle d'emmagasiner une certaine quantité d'air qui sert à la respiration de l'insecte quand il se laisse entraîner à des pérégrinations au sein des eaux. Lorsque sa provision d'air est épuisée, il vient la renouveler à la surface.

Dans les anses abritées, la surface de l'eau se ride légèrement sous les brusques déplacements des hydromètres. En réalité, les hydromètres sont des punaises,

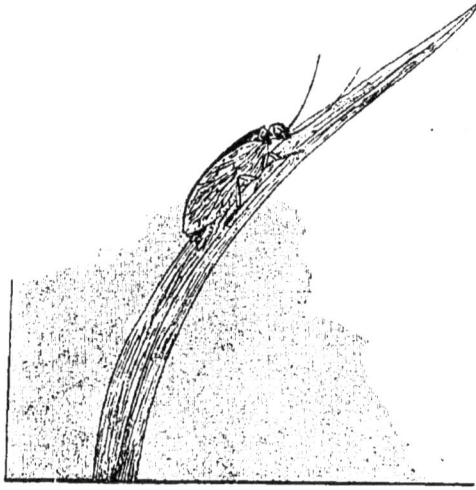

Fig. 119. — La Sialis de la boue.

étant donné qu'elles ont seulement six pattes et qu'elles sont munies d'un bec; mais on les appelle souvent araignées d'eau, la longueur de leurs pattes leur donnant une vague ressemblance avec les araignées.

Leurs mœurs sont assez obscures; le motif de leurs mouvements paraît être la recherche de menus insectes dont elles font leur nourriture, et sur lesquels elles se précipitent à l'improviste.

Le défaut de la curiosité est chez elles développé à l'excès, à moins qu'elles ne soient myopes; car elles ont coutume de pousser une brusque reconnaissance vers tout objet qui passe à proximité, et qui leur semble toujours, à première vue, une proie bonne à prendre. Ce en quoi elles se trompent souvent.

Le courant charrie çà et là, nouvellement écloses, encore engourdies du sommeil nymphal et mal éveillées à la vie, des éphémères, névroptères fragiles et délicats, ainsi

Fig. 120. — Éphémère, ou Mouche jaune.

nommés en raison de la brièveté de leur existence à l'état adulte.

Les éphémères passent leur vie larvaire au sein des eaux, et elles sont, durant cette période, organisées pour respirer dans le milieu aquatique; elles nagent avec une

14

certaine rapidité, se servant comme d'un gouvernail des trois longues soies qui terminent leur corps.

Quand les nymphes sentent le moment venu de se transformer, elles grimpent le long des plantes aquatiques et viennent à la surface subir leur métamorphose. Les ailes, les pattes, les filaments de la queue sortent peu à peu de leur étui; le nouvel insecte se sèche un instant au

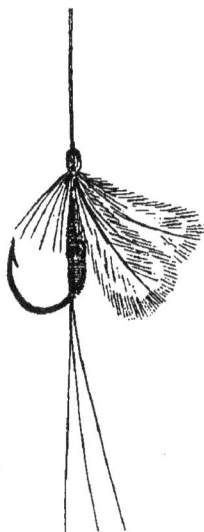

Fig. 121. — Mouche jaune artificielle dont se servent les pêcheurs pour prendre la truite.

soleil, emporté au fil de l'eau; puis s'envole, et prend possession du royaume de l'air.

Pas toujours cependant. Car la truite vorace est là qui le guette, et les éphémères disparaissent par milliers dans l'estomac toujours affamé du poisson gourmand.

Au mois de mai, guidées par un mystérieux instinct qui leur promet une joyeuse bombance, les truites quittent le fond de la rivière, montent jusqu'à une certaine distance de la surface, et, de leur embuscade, placée entre deux touffes de roseaux, se précipitent sur les grasses « mouches jaunes » qui passent à leur portée, les happant d'un coup de gueule en des bonds qui font bouillonner l'eau.

L'homme, toujours si ingénieux dans l'art de tuer, a mis à profit cette prédilection des truites ; avec des plumes d'oiseau, il fabrique des éphémères artificielles, traîtreusement armées d'un hameçon, engin trompeur qui sert à capturer l'appétissant poisson.

Rien de curieux et d'intéressant comme les danses aériennes des éphémères, montant, descendant, voltigeant sans interruption, dans la clarté des midis ensoleillés, au-dessus des nappes glauques d'où elles sont sorties, et qui vont devenir leur tombeau.

Car leur existence est bien fugace, et leurs jeux de courte durée.

Une espèce d'éphémère, la palingénie commune, fait son apparition vers la mi-août, en telle abondance que les individus morts recouvrent souvent, comme d'une couche de neige, de grandes étendues d'eau.

Fait assez curieux, quelle que soit la température de la journée, cette espèce éclôt d'une manière presque constante vers huit heures du soir. Les éclosions vont vite :

« En moins de deux heures, écrit Réaumur (1), ce nombre de mouches assez immense pour former en l'air des nuées et y faire tomber une grosse pluie continue, sort de la rivière, et, au bout de ces deux heures, elles laissent à l'air toute sa sérénité.

« Mais qu'est devenue cette prodigieuse quantité de mouches, quand il n'en paraît plus dans l'eau ? Elles sont déjà mortes ou mourantes pour la plupart ; une grande et une très grande partie est tombée dans la rivière même. Les poissons n'ont aucun jour dans l'année où ils puissent faire une aussi ample chère, où il leur soit aussi aisé de se gorger d'un mets délicat : gourmands comme ils sont, s'ils savent prévoir, ils voient avec regret que leur estomac ne ne saurait suffire à recevoir toute la pâture qui est à leur disposition, et qu'ils en laisseront beaucoup plus perdre

_____

(1) *Mémoires pour servir à l'histoire des insectes*, 1742.

qu'ils n'en peuvent manger ; ces jours sont donc pour eux
des jours de régal ; une manne leur tombe du ciel. Les
pêcheurs ont aussi donné à nos éphémères le nom de
manne, et c'est celui sous lequel elles sont connues d'eux
le long des rivières : ils disent que la manne a commencé
à paraître, que la manne a tombé abondamment une telle
nuit, pour faire entendre qu'on a commencé à voir des
éphémères, ou qu'il y en a eu beaucoup.

« Celles qui, étant tombées sur l'eau, n'y ont pas été
d'abord la proie des poissons, n'en périssent guère plus
tard ; elles sont bientôt noyées ; le reste des éphémères
tombe sur le bord de la rivière ou aux environs. La durée
de la vie de celles-ci n'est pas si courte ; mais autant
vaudrait-il pour elles que leur fin eût été plus proche :
entassées les unes sur les autres sans avoir assez de force
pour changer de place, sans se donner aucun mouvement
considérable et très mal à leur aise, elles meurent les
unes après les autres ; celles qui poussent leur vie le plus
loin, et qui sont, par rapport aux autres, plus que des
centenaires, voient lever le soleil. Parmi des milliers que
j'avais mises le soir dans une cloche de verre et dans des
poudriers, le lendemain, à six heures, j'en trouvai deux
en vie ; mais ce sont là de grandes exceptions à la règle
générale ; la vie ordinaire de ces mouches n'est que de
deux ou trois heures ; encore faut-il pour cela qu'elles ne
tombent pas dans la rivière. »

Au milieu des roseaux et des herbes hautes de la berge,
voltigent les libellules, poétisées par le peuple sous le nom
de « demoiselles ».

> La frissonnante libellule
> Mire les globes de ses yeux
> Dans l'étang splendide où pullule
> Tout un monde mystérieux.

Elles vont de branche en branche, ployant et reployant
leurs ailes avec un crépitement sec de satin froissé, poursuivant les petites mouches dont elles vivent, se plaisant

aux endroits ensoleillés, se reposant sur le bout d'une feuille dès qu'un nuage vient obscurcir le soleil.

Les larves de ces gracieux insectes vivent au sein des eaux, dans les lacs, les étangs, les marais, les rivières, abritées par les larges feuilles des nénuphars ou dans les touffes enchevêtrées des renoncules. Ce sont de gros brigands qui jettent la terreur parmi le menu fretin aquatique, car leurs mandibules sont insatiables et très robustes.

Quelquefois, les libellules se réunissent en troupes considérables, qui abandonnent la région où elles sont nées, et accomplissent de longs trajets, comme les bandes de criquets dont les voyages causent tant de dégâts aux pays qu'elles traversent.

Hagen en rapporte le cas suivant, qu'il nous paraît intéressant de signaler :

« En juin 1852, par une belle et chaude journée, j'appris que, depuis neuf heures du matin, un immense essaim de libellules pénétrait dans Kœnigsberg en passant au-dessus de la porte Royale ; vers midi, je me dirigeai de ce côté et ie vis des libellules qui continuaient à arriver en masses compactes. Pour étudier de plus près cet intéressant spectacle, je sortis de la ville et je fus à même d'observer plus aisément ce convoi sur un large espace libre. Le convoi provenait, comme je l'ai découvert plus tard, de Dervan, et présentait l'aspect d'une colonne longue d'un quart de mille et aussi haute que la porte. Au niveau de celle-ci, la colonne était à trente pieds du sol, la crête du rempart la forçant à s'élever. Elle s'abaissait peu à peu vers Dervan, ainsi qu'on pouvait le constater en regardant les arbres voisins ; près de Dervan la colonne croisait la route et rasait alors la terre de si près que ma voiture la traversa. Je fus surpris de la grande régularité du convoi, particularité que j'observai le premier. Les libellules volaient en rangs serrés, sans s'écarter de la première direction. Elles formaient ainsi une colonne vivante d'environ soixante pieds de large sur seize de haut, d'autant plus nettement limitée

qu'à droite et à gauche l'air était absolument pur. La
rapidité du vol de ces insectes était à peu près celle d'un
cheval au petit trot... Plus je m'avançais à l'encontre de ce
convoi, plus les libellules me parurent jeunes ; enfin, arrivé

Fig. 122. — La Phryganе.

à Dervan, j'y trouvai l'étang point de départ des voyageurs. La coloration du corps et la consistance des ailes
indiquaient que leur métamorphose datait au plus du
matin. Sur l'étang et la rive opposée, on ne voyait aucune
libellule. Le convoi provenait évidemment de l'étang lui-
même, et de la rive située du côté de Kœnigsberg. Le
phénomène se prolongea sans interruption jusqu'au soir. »

De-ci de-là, s'abritant contre la lumière trop intense et
la chaleur trop ardente, s'accrochent aux herbes de la
rive des phryganes, névroptères très délicats, aux
antennes et aux pattes déliées, aux ailes garnies de
longues franges, qui, comme leurs parents les papillons
crépusculaires, dorment le jour et ne se livrent que le soir
à leurs ébats.

Les phryganes ne sont pas des insectes brillants ; leur
uniforme est gris et terne ; tout au plus sur leurs ailes se
jouent quelques reflets chatoyants.

Fig. 123. — Fourreau de Phrygane formé
de petits mollusques.

Fig. 124. — Fourreau de Phrygane formé
de menus débris de plantes aquatiques.

A l'état adulte, ils n'attirent en aucune manière l'attention par leurs instincts, qui se bornent aux actes les plus
strictement nécessaires à leur alimentation et à leur
reproduction. Mais il n'en est pas de même pendant la
première période de leur existence.

Comme les chenilles de certaines teignes, qui s'en rapprochent ainsi encore par cette analogie, les larves des
phryganes ont l'industrieux talent d'utiliser les matériaux
à leur portée pour se fabriquer un étui, une coque, qui
leur sert à la fois d'abri et de moyen de défense.

Car, comment le poisson vorace pourrait-il deviner que
dans ce tube inerte, se déplaçant en apparence au hasard
du courant, se cache un insecte qui serait pour lui un
friand morceau ?

Tout leur est bon pour bâtir leur maison. Elles agglomèrent des grains de sable, ou de menus graviers, ou des coquilles d'escargots ; ou bien encore elles découpent des morceaux de feuilles de carex, les réunissent avec d'autres débris végétaux, et en font un cylindre plus ou moins symétrique, d'un aspect généralement plutôt disgracieux.

Et partout elles traînent, comme le limaçon sa coquille, leur fourreau protecteur.

XIII

QUELQUES ARCHITECTES

Sans calcul, sans règle, sans compas, n'ayant d'autres instruments que leurs pattes et leurs antennes, d'autre guide que leur instinct, un grand nombre d'insectes, en particulier des hyménoptères, savent édifier des nids d'une architecture merveilleuse, dans lesquels se loge le plus souvent une nombreuse famille, dont chaque individu occupe une chambre spéciale.

Il faudrait des pages et des pages pour décrire les travaux de ces habiles artisans ; la place nous étant mesurée, nous nous contenterons de faire connaître les traits les plus saillants de leur talent, qui montreront combien est admirable, jusque dans les plus petites choses, la sagesse du Créateur.

Pour commencer par une espèce qui nous est familière, suivons rapidement les manœuvres des abeilles, dans la construction de leurs gâteaux si remarquables de régularité géométrique. Les essaims sauvages bâtissent de toutes pièces leurs maisons, qu'ils abritent dans des troncs d'arbres ou aux creux des rochers. Aux essaims domestiques, l'homme fournit une ruche. Mais, dans un cas comme dans l'autre, les procédés d'édification sont les mêmes.

Chaque colonie comprend un certain nombre d'individus différents d'aspect : une femelle féconde, ou reine, exclusivement occupée à pondre des œufs ; des mâles, ou faux-bourdons, et, en quantité considérable, des ouvrières, femelles infécondes chargées de tous les travaux de la ruche. Cela posé, voyons tout ce petit monde à l'œuvre.

Les ouvrières sont allées au dehors butiner, récolter sur les fleurs le pollen qui doit fournir le miel et la cire. C'est la cire qui doit être d'abord employée, car, avant de garnir une maison de vivres, il faut au préalable que cette maison existe.

Les abeilles contractent leur abdomen, et la cire glisse entre leurs anneaux sous forme de minces lamelles,

Fig. 125. — Abeille ouvrière.

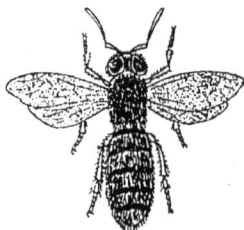

Fig. 126. — Abeille femelle, ou Reine.

qu'elles portent à leur bouche et qu'elles pétrissent avec leurs mandibules. Les matériaux sont prêts ; les petits architectes, réunissant leurs efforts, ont tôt fait de les employer ; et les rayons de cellules s'agrandissent rapidement, toujours avec une régularité mathématique, les loges s'ajoutant aux loges en formant comme un élégant réseau d'hexagones.

Les cellules sont construites selon trois modes différents, suivant la nature de la larve qu'elles doivent abriter. Celles d'où sortiront les ouvrières sont les plus petites, et mesurent un peu plus de cinq millimètres de largeur ; les loges des faux-bourdons sont plus profondes et plus larges, et disposées cependant, avec une rare habileté, de telle manière que leurs dimensions plus considérables ne rompent pas la symétrie, l'harmonie de l'ensemble. Quant aux cellules qui doivent donner naissance aux reines, elles ne sont pas polygonales, **mais offrent la forme d'une cupule rétrécie au sommet.**

Les bourdons ne savent pas édifier des gâteaux criblés de niches hexagonales ; tout leur talent se borne à aménager grossièrement un nid destiné à abriter leur postérité.

Bien qu'ils soient à ce point de vue privés de l'industrieux instinct des abeilles, l'étude des travaux des individus qui composent leurs petites sociétés, n'est pas cependant dépourvue d'intérêt.

Le point de départ de chaque famille est une femelle unique, robuste, qui, tapie dans un abri quelconque, a pu résister aux rigueurs de l'hiver, et qui se réveille, aux premières caresses du printemps, vigoureuse et robuste, animée de l'impérieux désir de vivre et de perpétuer sa race.

Elle s'installe dans

Fig. 127. — Abeilles butinant sur les fleurs.

un vieux nid abandonné, dans le creux d'une taupinière
où les fourmis ne l'ont pas précédée, ou encore dans le
sentier souterrain creusé par un mulot.

« On voit souvent, dit Pierre Huber, cette mère fort
agitée courir çà et là sur le nid, s'arrêter sur un amas de
cire, en enlever quelques parcelles, puis se remettre à
courir ; s'arrêter, enfin déposer la cire qu'elle apportait et
réitérer ce manège jusqu'à ce qu'elle ait élevé un petit tas,

Fig. 128. — L'Osmie dorée, qui construit ses nids dans les tiges sèches de la ronce.

auquel elle puisse donner une certaine forme. Elle ronge
alors cette masse de cire dans le milieu ; elle pétrit avec
ses mandibules les parcelles de cire qu'elle en retire et les
pose sur les bords du creux ; peu à peu, elle amincit les
bords de la petite cavité, et en l'approfondissant davantage, elle donne plus de hauteur à ses parois ; elle recule
un peu et travaille la matière en tournant autour de sa
cellule jusqu'à ce qu'elle lui ait donné la forme du calice
d'un gland. Cela fait, elle retourne chercher de la cire,
qu'elle vient poser sur les bords de la cellule ; elle en
apporte assez en deux ou trois fois pour élever ses bords
de trois ou quatre lignes. Dès que la cellule est achevée,

elle en polit l'intérieur, en arrondit les contours, en épaissit les parois et en relève les bords. C'est là qu'elle doit déposer ses œufs ; c'est là que ses petits passeront une partie de leur vie. Mais elle a soin de pourvoir à leur nourriture : elle dépose dans le fond de la cellule une épaisse couche de pollen, et elle l'étend de manière à laisser à ses œufs le plus grand espace possible. »

Il y a un certain nombre d'abeilles, nommées pour cette raison solitaires, qui ne se groupent pas en colonies, ne travaillent pas en commun, et par suite n'introduisent pas

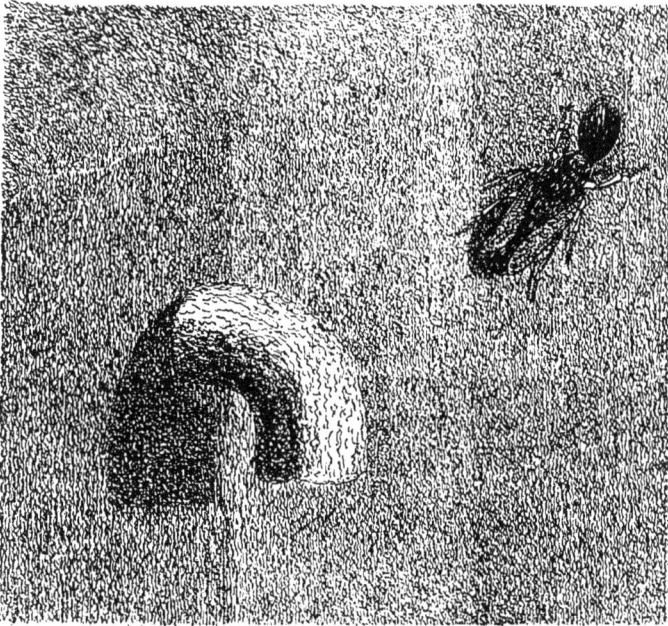

Fig. 129. — L'Anthophore des murailles.

dans leurs constructions cette architecture compliquée qui caractérise notre abeille commune.

Cependant, on retrouve dans ces insectes, développé à un haut degré, cet instinct de bâtir un nid, et d'assurer ainsi un asile à leurs descendants.

Ainsi, les anthophores, dont une espèce, l'anthophore

des murailles, creuse des trous dans l'argile qui emplit les interstices des moellons réunis en murs.

Ces trous sont prolongés au dehors par un tube recourbé, formé de menus grains de sable, de petits graviers agglomérés, qui s'oppose à l'entrée des parasites dont la troupe voltige alentour, cherchant le moyen de pénétrer dans le nid et de profiter du travail d'autrui.

Ainsi encore la xylocope, grosse guêpe aux ailes violettes, qu'on voit rôder, par les clairs jours d'été, autour

Fig. 130. — La Xylocope.

des pieux, des palissades, cherchant le côté le plus exposé aux rayons du soleil, pour y creuser son nid.

Voici la mère à l'œuvre. Elle a trouvé le morceau de bois qui lui convient, déjà un peu gagné par la décomposition, assez tendre, assez friable pour ne pas opposer trop de résistance à ses mandibules.

Perpendiculairement à l'axe, elle fore un orifice, déblaie un trou aussi large que son corps est épais, puis, à quelques millimètres de la surface, elle fait obliquer le cylindre creux qui maintenant se dirige vers le bas ; et lorsqu'il atteint la longueur qu'il doit avoir, elle le fait à nouveau obliquer vers l'extérieur.

Quand ce travail pénible est achevé, la laborieuse mère dépose au fond du tube une mesure bien déterminée, une ration de miel et de pollen mêlés, puis elle y place un œuf. Au-dessus de cet œuf, à une certaine distance, elle établit un couvercle avec de la sciure de bois qu'elle mâchonne entre ses mandibules, et qu'elle agglomère à l'aide de sa salive.

La voûte de la première cellule sert de plancher à une deuxième, dans laquelle la xylocope dépose encore une ration de miel et un œuf.

Et le travail se continue, jusqu'à ce que le tube soit complètement empli de cellules.

Pour faire l'histoire des travaux d'un autre minuscule architecte, le chalicodome des murailles, nous ne saurions prendre un meilleur guide que M. Fabre, le savant et sagace observateur que nous avons déjà mis à contribution, et dont la plume élégante sait donner tant d'attrait, tant d'intérêt aux mœurs curieuses qu'elle décrit.

Apprenons d'abord comment l'aimable conteur a été amené à étudier les faits et gestes de cette guêpe.

« C'était à mes premiers débuts dans l'enseignement, vers 1843. Sorti depuis quelques mois de l'Ecole normale de Vaucluse, avec mon brevet et les naïfs enthousiasmes de dix-huit ans, j'étais envoyé à Carpentras pour y diriger l'école primaire annexée au collège. Singulière école, ma foi, malgré son titre pompeux de supérieure. Une sorte de vaste cave, transpirant l'humidité qu'entretenait une fontaine adossée au dehors dans la rue. Pour jour, la porte ouverte au dehors lorsque la saison le permettait, et une étroite fenêtre de prison, avec barreaux de fer et petits losanges de verre enchâssés dans un réseau de plomb. Tout autour, pour siège, une planche scellée dans le mur ; au milieu, une chaise veuve de sa paille ; un tableau noir et un bâton de craie.

« Matin et soir, au son de la cloche, on lâchait là-dedans une cinquantaine de galopins, qui, n'ayant pu mordre au *de Viris* et à l'*Epitome*, étaient voués, comme on disait alors, à *quelques bonnes années de français*. Le rebut de *Rosa, la rose*, venait chercher chez moi un peu de français... Pour tenir en respect ce monde remuant, donner à chaque intelligence le travail suivant ses forces, tenir en éveil l'attention, chasser enfin l'ennui de la sombre salle, dont les murailles suaient la tristesse encore plus que l'humidité, j'avais pour unique ressource la parole, pour unique mobilier le bâton de craie.

« ... Même dédain, du reste, dans les autres classes pour tout ce qui n'était pas latin ou grec. Un trait suffira pour montrer où en était alors l'enseignement des sciences physiques, à qui si large place est faite aujourd'hui. Le collège avait pour principal un excellent homme, le digne abbé X***, qui, peu soucieux d'administrer lui-même les pois verts et le lard, avait abandonné le commerce de la soupe à quelqu'un de sa parenté, et s'était chargé d'enseigner la physique.

« Assistons à l'une de ses leçons. Il s'agit du baromètre. De fortune, l'établissement en possède un. C'est une vieille machine, toute poudreuse, appendue au mur, loin des mains profanes, et portant inscrits sur sa planchette, en gros caractères, les mots *tempête, pluie, beau temps*.

« — Le baromètre, fait le bon abbé s'adressant à ses disciples qu'il tutoie patriarcalement, le baromètre annonce le bon et le mauvais temps. Tu vois les mots écrits sur la planche : tempête, pluie ; tu vois, Bastien ?

« — Je vois, répond Bastien, le plus malin de la bande.

« Il a déjà parcouru son livre ; il est au courant du baromètre mieux que le professeur.

« — Il se compose, continue l'abbé, d'un canal de verre recourbé, plein de mercure qui monte ou qui descend suivant le temps qu'il fait. La petite branche de ce canal est ouverte ; l'autre..., l'autre... enfin, nous allons voir. Toi, Bastien, qui es grand, monte sur la chaise et va voir un peu, du bout du doigt, si la longue branche est ouverte ou fermée. Je ne me rappelle plus bien.

« Bastien va à la chaise, s'y dresse tant qu'il peut sur la pointe des pieds, et du doigt palpe le sommet de la longue colonne. Puis, avec un sourire finement épanoui sous le poil follet de sa moustache naissante :

« — Oui, fait-il, oui, c'est bien cela. La longue branche est ouverte par le haut. Voyez, je sens le creux.

« Et Bastien, pour corroborer son fallacieux dire, continuait à remuer l'index sur le haut du tube. Ses condisciples, complices de l'espièglerie, étouffaient du mieux leur envie de rire.

« L'abbé, impassible :

« — Cela suffit. Descends, Bastien. Ecrivez, Messieurs, écrivez dans vos notes que la longue branche du baromètre est ouverte. Cela peut s'oublier : je l'avais oublié moi-même.

« Ainsi s'enseignait la physique. Les choses cependant s'améliorèrent ; on eut un maître, un maître pour tout de bon, sachant que la longue branche d'un baromètre est fermée. Moi-même j'obtins des tables où mes élèves pouvaient écrire au lieu de griffonner sur leurs genoux. »

Entre toutes les matières qu'on enseignait au collège de Carpentras, il y en avait une surtout qui plaisait au professeur et aux élèves.

C'était la géométrie en plein air, l'arpentage sur le terrain.

Le maître s'était procuré, à ses frais, les instruments

15

indispensables : chaine d'arpenteur, jalons, boussole, équerre, graphomètre. Et chaque année, dès que revenait le mois de mai, une journée par semaine était consacrée à une promenade ayant pour but des exercices pratiques d'arpentage.

« Les lieux d'opération, continue M. Fabre, étaient une plaine inculte, caillouteuse, un *harmas,* comme on dit dans le pays. Là, nul rideau de haies vives ou d'arbustes ne m'empêchait de surveiller mon personnel ; là, condition absolue, je n'avais pas à redouter pour mes écoliers la tentation irrésistible de l'abricot vert. La plaine s'étendait en long et en large, uniquement couverte de thym en fleurs et de cailloux roulés. Il y avait libre place pour tous les polygones imaginables ; trapèzes et triangles pouvaient s'y marier de toutes les façons. Les distances inaccessibles s'y sentaient les coudées franches ; et même une vieille masure, autrefois colombier, y prêtait sa verticale aux exploits du graphomètre.

« Or, dès la première séance, quelque chose de suspect attira mon attention. Un écolier était-il envoyé au loin planter un jalon, je le voyais faire en chemin stations nombreuses, se baisser, se relever, chercher, se baisser encore, oublieux de l'alignement et des signaux. Un autre, chargé de relever les fiches, oubliait la brochette de fer et prenait à sa place un caillou ; un troisième, sourd aux mesures d'angle, émiettait entre les mains une motte de terre. La plupart étaient surpris léchant un bout de paille. Et le polygone chômait, les diagonales étaient en souffrance. Qu'était-ce donc que ce mystère ?

« Je m'informe, et tout s'explique. Né fureteur, observateur, l'écolier savait depuis longtemps ce qu'ignorait encore le maître. Sur les cailloux de l'harmas, une grosse abeille noire fait des nids de terre. Dans ces nids, il y a du miel, et mes arpenteurs les ouvrent pour vider les cellules avec une paille. La manière d'opérer m'est enseignée. Le miel, quoique un peu fort, est très acceptable. J'y prends goût à mon tour, et me joins aux chercheurs de

nids. On reprendra plus tard le polygone. C'est ainsi que,
pour la première fois, je vis l'abeille maçonne de Réaumur, ignorant son histoire, ignorant son historien.

« Ce magnifique hyménoptère, portant ailes d'un violet
sombre et costume de velours noir, ses constructions
rustiques sur les galets ensoleillés parmi le thym, son
miel apportant diversion aux sévérités de la boussole et de
l'équerre d'arpenteur, firent impression vivace en mon
esprit, et je désirai en savoir plus long que ne m'en avaient

Fig. 131. — Le Chalicodome des murailles.

appris les écoliers : dévaliser les cellules de leur miel ave͏'
un bout de paille. Justement mon libraire avait en vent͏e
un magnifique ouvrage sur les insectes : *Histoire naturelle
des animaux articulés*, par de Castelnau, E. Blanchard et
H Lucas. C'était riche d'une foule de figures qui vous prenaient par l'œil ; mais, hélas ! c'était aussi d'un prix, ah !
d'un prix ! Qu'importe ; mes somptueux revenus, mes
700 francs ne devaient-ils pas suffire à tout, nourriture de
l'esprit comme celle du corps ! Ce que je donnerai de plus
à l'une, je le retrancherai à l'autre, balance à laquelle doit
fatalement se résigner quiconque prend la science pour
gagne-pain. L'achat fut fait. »

Et le livre, littéralement dévoré, fournit à M. Fabre la base nécessaire pour aborder utilement l'étude des mœurs de cette abeille noire.

Il y a, dans notre pays, trois espèces de chalicodomes, toutes affublées d'un nom scientifique, mais qu'il est plus simple de distinguer par leurs préférences dans le choix des endroits où elles bâtissent leurs nids : l'une affectionnant les murs et les rochers, la deuxième les hangars, la troisième les arbustes.

Les trois chalicodomes commencent leurs travaux vers la même époque, au mois de mai.

Dans les régions du nord, le chalicodome des murailles fait choix d'un mur exposé au soleil, mais non recouvert de crépi, qui, en se détachant, entraînerait dans sa chute le nid et compromettrait l'avenir de la couvée.

Dans le midi, il affecte aussi une prédilection marquée pour la pierre nue, mais s'adresse à une autre base, et choisit de préférence ces cailloux roulés, ces galets si fréquents sur les terrasses de la vallée du Rhône.

« L'hyménoptère peut construire tout à fait à neuf, sur un emplacement qui n'a pas encore été occupé ; ou bien utiliser les cellules d'un vieux nid après les avoir restaurées. Examinons d'abord le premier cas.

« Après avoir fait choix de son galet, le chalicodome des murailles y arrive avec une pelote de mortier entre les mandibules, et la dispose en un bourrelet circulaire sur la surface du caillou. Les pattes antérieures et les mandibules surtout, premiers outils du maçon, mettent en œuvre la matière, que maintient plastique l'humeur salivaire peu à peu dégorgée. Pour consolider le pisé, des graviers anguleux, de la grosseur d'une lentille, sont enchâssés un à un, mais seulement à l'extérieur, dans la masse encore molle. Voilà la fondation de l'édifice. A cette première assise en succèdent d'autres, jusqu'à ce que la cellule ait la hauteur voulue, de deux à trois centimètres.

« Nos maçonneries sont formées de pierres superposées et cimentées entre elles par de la chaux. L'ouvrage du chalicodome peut soutenir la comparaison avec le nôtre. Pour faire économie de main-d'œuvre et de mortier, l'hyménoptère, en effet, emploie de gros matériaux, de volumineux graviers, pour lui vraies pierres de taille. Il les choisit un par un avec soin, bien durs, presque toujours avec des angles qui, agencés les uns dans les autres, se prêtent mutuel appui et concourent à la solidité de l'ensemble. Des couches de mortier, interposées avec épargne, les maintiennent unis. Le dehors de la cellule prend ainsi l'aspect d'un travail d'architecture rustique, où les pierres font saillie avec leurs inégalités naturelles; mais l'intérieur, qui demande surface plus fine pour ne pas blesser la tendre peau du ver, est revêtu d'un crépi de mortier pur. Du reste, cet enduit interne est déposé sans art, on pourrait dire à grands coups de truelle ; aussi le ver a-t-il soin, lorsque la pâtée de miel est finie, de se faire un cocon et de tapisser de soie la grossière paroi de sa demeure. »

Dès que la cellule est achevée, le chalicodome s'ingénie pour l'approvisionner.

Toutes les fleurs des environs sont mises à contribution, et en particulier les genêts, dont les corolles jaunes s'épanouissent en mai, et offrent à l'industrieuse abeille ample provision de pollen et de nectar.

Barbouillé de la poussière des étamines, l'estomac gorgé de miel, l'insecte revient au nid ; il commence par introduire la tête dans la cellule, pour y déverser la purée succulente qu'il rapporte ; puis il fait demi-tour, et à l'aide de ses pattes il se brosse énergiquement le ventre, afin d'en détacher le pollen.

Les mâchoires ensuite se mettent de la partie, et mélangent intimement la partie solide et la partie liquide de cette pâtée sucrée dont se nourrira la larve.

Quand la cellule est à demi remplie, l'approvisionnement est jugé suffisant ; sur le miel, l'abeille pond un œuf, puis elle clôt la petite chambre avec un couvercle d'argile.

Elle adosse ensuite à cette première loge une deuxième,

puis une troisième, et ainsi de suite tant qu'elle ait des
œufs à pondre ; ne passant jamais, toutefois, à une autre
cellule avant d'avoir achevé, approvisionné et fermé celle
dont elle a commencé la construction.

Le travail est-il fini, maintenant qu'elle a pondu tous ses
œufs, et assuré le vivre et le couvert aux petites larves
qui naîtront de chacun d'eux ?

« Les six à dix cellules composant le groupe sont certes
demeure solide, avec leur revêtement rustique de graviers ; mais l'épaisseur de leurs parois et de leurs cou-
vercles, deux millimètres au plus, ne paraît guère suffisante pour défendre les larves quand viendront les
intempéries. Assis sur sa pierre, en plein air, sans aucune
espèce d'abri, le nid subira les ardeurs de l'été, qui feront
de chaque cellule une étuve étouffante ; puis les pluies de
l'automne, qui lentement corroderont l'ouvrage ; puis
encore les gelées d'hiver, qui émietteront ce que les pluies
auront respecté. Si dur que soit le ciment, pourra-t-il
résister à toutes ces causes de destruction ; et, s'il résiste,
les larves abritées par une paroi très mince n'auront-elles
pas à redouter chaleur trop forte en été, froid trop vif en
hiver ?

« Sans avoir fait tous ces raisonnements, l'abeille n'agit
pas moins avec sagesse. Toutes les cellules terminées,
elle maçonne sur le groupe un épais couvert, qui, formé
d'une matière inattaquable par l'eau et conduisant mal la
chaleur, à la fois défend de l'humidité, du chaud et du
froid. Cette matière est l'habituel mortier, la terre gâchée
avec de la salive ; mais, cette fois, sans mélange de menus
cailloux. L'hyménoptère en applique, pelote par pelote,
truelle par truelle, une couche d'un centimètre d'épaisseur
sur l'amas des cellules, qui disparaissent complètement
noyées au centre de la minérale couverture. Cela fait, le
nid a la forme d'une sorte de dôme grossier, équivalant
en grosseur à la moitié d'une orange. On le prendrait pour
une boule de boue qui, lancée contre une pierre, s'y serait
à demi écrasée et aurait séché sur place. Rien au dehors

ne trahit le contenu, aucune apparence de cellules, aucune apparence de travail. Pour un œil non exercé, c'est un éclat fortuit de boue, et rien de plus. »

L'assise de mortier qui enveloppe toutes les cellules d'un abri général se dessèche rapidement, comme nos ciments hydrauliques ; une fois sec, le nid devient dur comme la pierre, et difficile à entamer.

Ce qu'il a gagné en solidité d'ailleurs, reconnaissons-le, il l'a perdu en élégance. Et il faut briser la voûte grossière de l'édifice pour retrouver le délicat travail du début, les cellules coquettes, avec leurs parois de mortier à revêtement de cailloutage.

Le chalicodome des murailles n'aime guère la société, et se confine chez lui en montrant les mandibules au voisin. C'est pourquoi le nombre des cellules adossées les unes aux autres se tient toujours dans une très étroite mesure.

L'espèce des hangars est plus sociable ; c'est par centaines, quelquefois par milliers d'individus, qu'elle s'établit sous les tuiles d'une étable abandonnée, ou sous le rebord d'un toit.

Le chalicodome des hangars ne marque pas une prédilection bien nette dans le choix des emplacements où il édifie son nid ; il s'établit partout où il trouve un abri.

Au printemps, ses colonies nombreuses, populeuses, commencent leurs travaux, réparent les vieux nids, remettent en état les cellules vides endommagées, d'abord par la sortie des adultes, puis par les intempéries de l'hiver.

Car, très sage et donnant ainsi aux hommes un exemple d'économie, cette abeille ne perd pas son temps à bâtir à neuf ; elle utilise les vieux matériaux, et sait aussi tirer parti des maisons abandonnées par la génération précédente pour y établir le berceau de sa jeune famille.

Et chaque année, la colonie s'accroît, la communauté s'amplifie, la ville s'étend. Tel de ces nids collectifs, produit du travail de nombreux essaims pendant plusieurs années, occupe, sous les tuiles du hangar où il s'abrite, une surface de cinq, de six mètres carrés.

A côté de ces cités, où règne, au moment de la ponte, une activité incomparable, avec le va-et-vient d'une foule de travailleurs bruissants, affairés, quelques individus, craignant sans doute les dangers de la société, s'établissent dans un coin, ne se mêlant pas au tumulte et construisant à l'écart leur nid solitaire.

Que le travail soit fait en commun, d'ailleurs, ou séparément, il est identique, et dans les deux cas, le chalicodome obéit aux mêmes principes d'architecture.

Le chalicodome des arbustes travaille ordinairement seul. Il s'adresse à une autre base que ses congénères pour édifier son nid. « De sa lourde maison de mortier, qui semblerait exiger le solide appui du roc, il fait demeure aérienne, appendue à un rameau. Un arbuste des haies, quel qu'il soit, aubépine, grenadier, paliure, lui fournit le support, ordinairement à hauteur d'homme. Le chêne vert et l'orme lui donnent élévation plus grande. Dans le fourré buissonneux, il fait donc choix d'un rameau de la grosseur d'une paille ; et sur cette étroite base il construit son édifice en mortier. »

Il commence par fixer solidement, sur la branche qu'il a choisie, une boulette de mortier qu'il agglutine avec sa salive ; c'est là le point de départ d'une première cellule qu'il élève peu à peu avec les mêmes matériaux.

A mesure que la construction s'avance, elle forme une sorte de petite tourelle verticale.

Quand la cellule est approvisionnée, munie de son opercule, l'insecte en bâtit une autre, absolument comme l'espèce des murs, que nous avons vue à l'œuvre.

Et quand toutes les cellules sont édifiées, une enveloppe générale, en mortier plus dur et plus grossier, est construite pour les englober et les protéger.

Terminé, le nid a la grosseur d'un abricot, s'il est dû au travail d'un seul individu ; si deux ou trois mères ont travaillé en commun, ce qui est rare, il peut atteindre le volume du poing.

Il y a des abeilles qui n'emploient pas l'argile pour construire leurs nids, et qui se servent de matériaux empruntés
au règne végétal, en particulier de feuilles, qu'elles ont le
talent de découper avec leurs mandibules de manière à
leur donner la forme convenable.

A ce groupe spécial d'architectes appartient la mégachile
du rosier ou abeille coupeuse de feuilles, petit hyménoptère

Fig. 132. — La Mégachile découpant des morceaux de feuilles de rosier pour bâtir
son nid.

au corps varié de noir et de jaune brun, qui bâtit ses
cellules avec des fragments de feuilles de rosier.

Quand cette abeille sent en elle-même le désir de pondre,
elle fait choix de quelque trou abandonné, nid de souris,
ou tube foré dans une branche par une larve, et elle amé-
nage, avec un soin et une habileté remarquables, cette
cavité.

Dès que le logis est prêt, elle prend son vol vers un
rosier, se pose sur une feuille, y découpe un lambeau plus
ou moins circulaire, qu'elle roule entre ses pattes et qu'elle
emporte.

Arrivée à son trou, elle insinue, toujours enroulé, le fragment de feuille, puis elle l'abandonne, de telle manière que, cédant à son élasticité naturelle, il se déroule et vienne s'appliquer contre la paroi.

Elle recommence, autant de fois qu'il est nécessaire, le même manège, et finalement se trouve construit une sorte de dé à coudre, formé de morceaux de feuilles juxtaposés, se recouvrant en partie avec des fragments plus petits pour boucher les lacunes.

Puis, la cellule achevée, elle y dépose une provision de miel et un œuf, et clôt la cavité avec un lambeau de feuille absolument circulaire, qui devient le plancher d'une nouvelle chambre édifiée par le même procédé, avec le même soin.

Réaumur a raconté, à propos de cette mégachile, une curieuse anecdote, dont nous nous reprocherions de ne pas faire part à nos lecteurs :

« Dans les premiers jours de juillet 1736, le seigneur d'un village proche des Andelys vint voir M. l'abbé Nollet, accompagné, entre autres domestiques, d'un jardinier qui avait l'air fort consterné. Il s'était rendu à Paris pour annoncer à son maître qu'on avait jeté un sort sur sa terre. Il avait eu le courage, car il lui en avait fallu pour cela, d'apporter les pièces, qui l'en avaient convaincu ainsi que ses voisins, et qu'il croyait propres à en convaincre tout l'univers. Il prétendait les avoir produites au curé du lieu, qui n'était pas éloigné de penser comme lui. A la vue des pièces, le maître ne prit pourtant pas tout l'effroi que son jardinier avait voulu lui donner ; s'il ne resta pas absolument tranquille, il jugea au moins qu'il pouvait n'y avoir rien que de naturel dans le fait, et il crut devoir consulter son chirurgien ; celui-ci, quoique habile dans sa profession, ne se trouva pas en état de donner des éclaircissements sur un sujet qui n'avait aucun rapport avec ceux qui avaient fait l'objet de ses études ; mais il indiqua M. l'abbé Nollet, comme très capable de décider si l'histoire naturelle n'offrait point quelque chose de semblable à ce qu'on lui présentait. Ce fut donc sa réponse, qui valut à M. l'abbé Nollet une visite, qui a servi à m'instruire. Le jardinier ne tarda pas à mettre sous ses yeux des rouleaux de feuilles, qui, selon lui ne pouvaient avoir été faits que par une main d'homme et d'homme sorcier. Outre qu'un homme ordinaire ne lui semblait pas capable d'exécuter rien de pareil, à quoi bon les eût-il faits, et dans quel dessein les eût-il enfouis dans la terre de la crête d'un sillon? Un sorcier seul pouvait les avoir placés là pour les faire servir à quelque maléfice. L'abbé Nollet certifia au brave homme que ces jolis ouvrages étaient faits par des insectes, et, comme preuve, il tira un *gros ver* de ces rouleaux. Dès que le paysan l'eut vu, son air sombre et étonné disparut : un air de gaîté et de contentement se répandit sur son visage, comme s'il venait d'être tiré d'un affreux péril. »

Il n'est personne qui ne connaisse les guêpes, et qui ne s'en garde avec une juste méfiance ; car ce sont bêtes irascibles, qui piquent pour le moindre motif, et dont l'aiguillon fait une blessure très douloureuse.

On aurait tort cependant de les juger et de les condamner sans appel d'après ce côté plutôt désagréable de leur caractère. Ces insectes hargneux sont des travailleurs hors ligne, des architectes doués d'un talent aussi sûr, aussi étendu, aussi industrieux que les abeilles.

Ecoutons encore Réaumur, l'habile historien des hyménoptères ; quand nous l'aurons lu, les guêpes seront jusqu'à un certain point réhabilitées à nos yeux.

« Les guêpes, dit-il, peuvent paraître un peuple féroce, qui ne vit que de rapines et de brigandages. Nous nous condamnerions pourtant nous-mêmes, en les jugeant avec tant de rigueur ; contentons-nous de les regarder comme des mouches guerrières qui, ainsi que nous, croient avoir droit, pour se nourrir, sur les fruits que la terre produit, et sur les animaux qui l'habitent, auxquels elles sont supérieures en force. Pour être belliqueuses, elles n'en sont pas moins bien policées, elles n'en paraissent pas moins pleines de tendresse pour leurs petits, ni moins animées par le désir de se procurer une nombreuse postérité. Pour y parvenir, elles n'épargnent ni soins ni travaux. Les ouvrages qu'elles exécutent font honneur à leur patience, à leur adresse et à leur génie : elles ont, comme les mouches à miel, leur architecture particulière et digne de notre admiration. Il est vrai que leurs édifices construits avec beaucoup d'art nous sont inutiles, que nous ne savons pas faire usage des matériaux qui les composent, comme nous en faisons de la cire ; cependant, lorsqu'on les sait bien voir, ils ne sont pas pour nous des objets de pure curiosité. Nous ne manquerons pas de faire remarquer qu'ils peuvent nous apprendre à trouver en abondance des matières utiles pour une de nos principales fabriques, pour celle du papier, et des matières dont on ne s'est pas avisé de se servir jusqu'ici, ou au moins qu'on n'a pas employées à leur façon. »

Il n'est pas très facile d'aller voir ce qui se passe chez les guêpes ; ce sont gens qu'on met aisément en colère, et qui n'aiment pas les indiscrets.

Cependant, quelques observateurs courageux ont pu parvenir à surprendre les secrets de leur travail, les règles de leur architecture, et nous ont fait part de l'admirable industrie qu'ils ont constatée chez ces insectes à la réputation si déplorable.

La plus grosse de nos guêpes indigènes, *Vespa crabro,* établit ses nids soit dans le coin d'un grenier, soit dans une vieille ruche abandonnée par ses habitants, soit dans un tronc creux. Peu lui importe la nature de l'abri ; il suffit que l'endroit choisi ne soit pas trop fréquenté des hommes, car elle n'accorde à notre espèce qu'une confiance mitigée.

Elle commence par construire un fragment de l'enveloppe sphérique qui plus tard entourera tout l'édifice ; et elle fixe à l'intérieur, par un solide pilier, le premier rayon dont les cellules hexagonales s'ouvrent en bas.

Les matériaux sont empruntés au tissu herbacé de

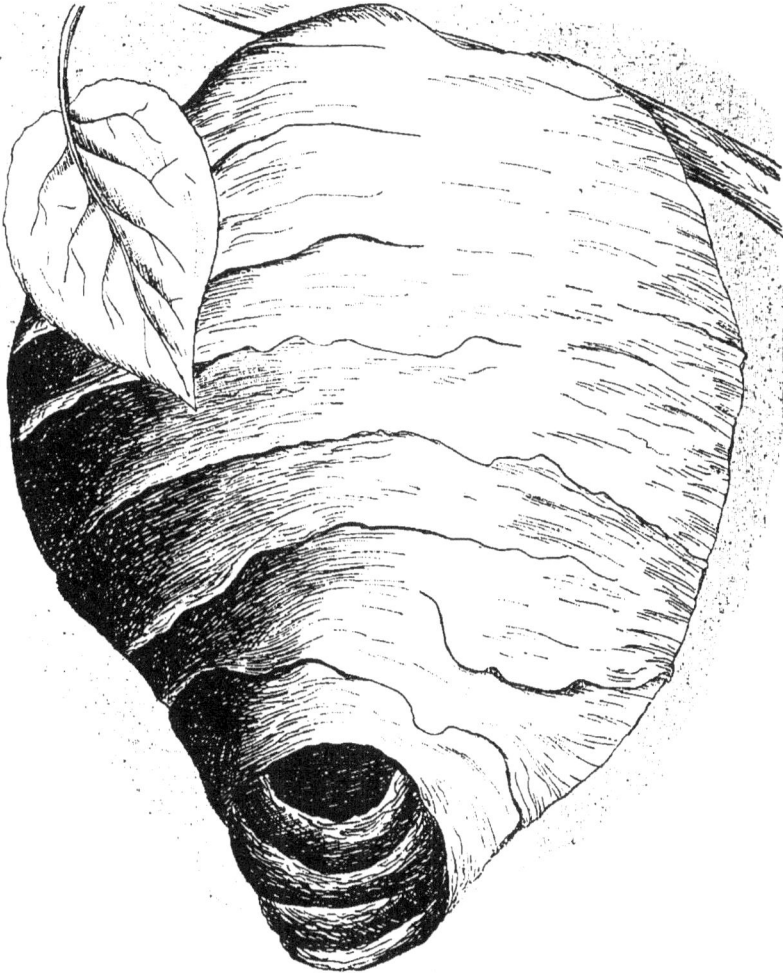

Fig. 133. — Nid de la Guêpe sylvestre.

certains arbres à écorce relativement tendre, comme le frêne par exemple; la guêpe broie ce tissu, l'imprègne de salive, et en forme une petite masse qu'elle emporte, serrée entre ses mandibules et sa poitrine.

Parvenue à destination, elle prend cette masse dans ses

pattes de devant, l'étire, la pétrit, et à l'aide de ses mandibules l'applique aux endroits où elle veut bâtir; le travail
s'exécute avec une rapidité inconcevable; les cellules se
multiplient, en même temps que l'enveloppe externe, par
des additions ininterrompues de matériaux, s'amplifie, et
que la sphère s'accroît.

Quand un certain nombre de cellules sont édifiées, dans
chacune d'elles la guêpe dépose un œuf, qui au bout de
quelques jours éclôt, et donne naissance à une petite
larve. Cette larve va être alimentée au jour le jour avec des
débris d'insectes, que la mère pourchasse au vol.

« Comme toutes les guêpes, écrit M. Künckel d'Her-
culaïs, le frelon fond de haut sur la proie qu'il aperçoit, la
jette à terre, lui supprime d'un coup de mandibules les
pattes et les ailes, puis la transporte sur quelque arbre
voisin, pour découper à son aise les morceaux qu'il compte
introduire chez lui, et les porte, une fois ce travail fait,
dans sa demeure.

« Arrivée là, la mère prend cette nourriture entre ses
pattes antérieures, comme les matériaux de construction,
la pétrit de nouveau, en mord les parcelles et les dépose
sur la bouche des larves déjà grandes, distribuant ainsi les
parts rangée par rangée, jusqu'à ce que tout ait été
partagé. »

Quatre jours après son éclosion, la larve ainsi nourrie a
acquis un volume relativement considérable; elle déborde
sa cellule.

Elle se tisse alors un couvercle hémisphérique, et
ainsi renfermée dans sa loge calfeutrée, elle peut subir
à l'aise la crise toujours un peu pénible de la métamorphose.

Elle en sort d'ailleurs avec succès, et dès qu'elle a quitté
sa peau de nymphe, après quelques instants passés à
sécher ses ailes et à remuer ses pattes, instruments dont
elle n'use encore qu'avec maladresse, le sentiment du
devoir, c'est-à-dire du travail, lui revient.

Et incontinent elle rentre dans sa cellule, qu'elle nettoie

de fond en comble, avec les plus méticuleux soins, afin de la rendre prête à recevoir un deuxième œuf.

A mesure que les ouvrières naissent, et que leur nombre augmente, le nid aussi s'agrandit, de nouveaux piliers se construisent, qui deviennent le point de départ de nouveaux rayons.

Les guêpes sylvestres bâtissent leurs nids à peu près sur le même plan que les frelons, mais avec cette différence qu'elles les suspendent aux branches des arbres et des buissons, parmi le feuillage.

Ces nids, à population peu nombreuse, sont généralement en forme d'œuf, et affectent des proportions symétriques, ce qui s'explique par ce fait que leur construction n'est entravée par aucun obstacle.

Les guêpes qui nidifient dans des cavités n'ont pas cet avantage; la place leur est mesurée, et la forme de la maison dépend pour beaucoup de la forme de l'enveloppe dans laquelle elle est édifiée.

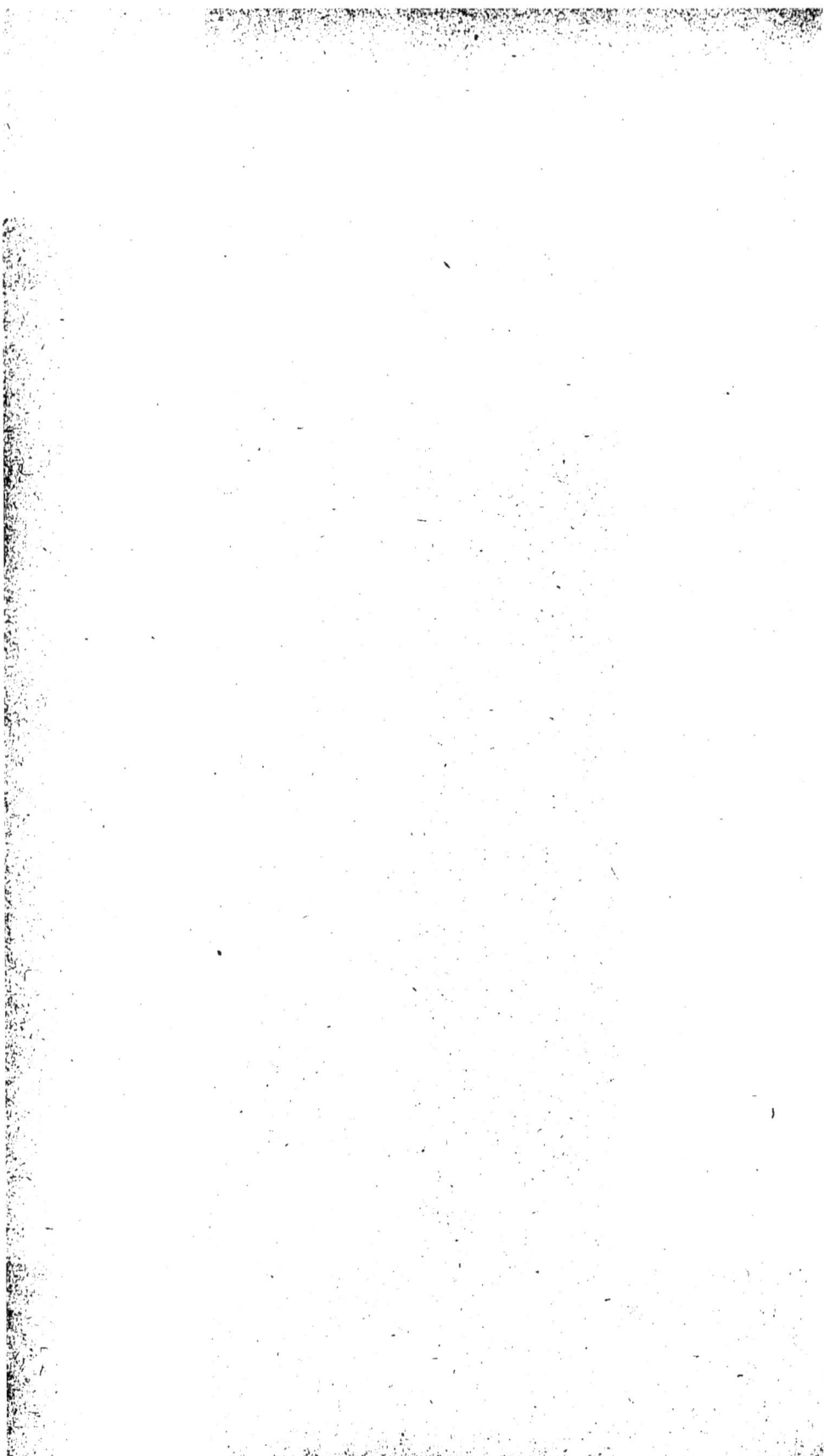

XIV

LES INSECTES BIZARRES

Bien que la singularité de leurs formes soit, pour beaucoup, leur titre unique à notre attention, et que leurs mœurs ne présentent aucun trait saillant, nous croyons cependant faire œuvre utile en mettant sous les yeux du lecteur les portraits de quelques espèces dont l'aspect extérieur diffère remarquablement de celui de leurs congénères.

Ces espèces manquent la plupart d'élégance. Mais il ne faut pas oublier que le laid a aussi son utilité, en inspirant par contraste l'amour du beau. D'ailleurs, à proprement parler, rien n'est difforme dans la nature, et tous les êtres sont parfaits, parce que leur structure est toujours en harmonie complète avec les fonctions dont ils doivent s'acquitter.

Chez les scarabées, les diverses parties du corps ont une tendance à s'accroître d'une manière démesurée, de manière à émettre des prolongements de forme variable, qui très souvent deviennent des cornes, ou des appendices analogues.

Cette tendance s'exagère dans un certain nombre d'espèces, au point qu'un de leurs organes prend des proportions inusitées, qui rompent la symétrie de l'ensemble.

Ainsi, les mandibules du lucane cerf-volant, répandu dans une grande partie de la France, deviennent d'énormes pinces, que l'insecte balance, en marchant, avec une gaucherie un peu grotesque. Il est visiblement embarrassé de

16

cet ornement, dont il peut d'ailleurs se servir à l'occasion pour pincer jusqu'au sang.

La larve de ce coléoptère vit dans le bois pourri ; elle est charnue et grasse, et du temps de Pline, elle était considérée comme un mets friand. Pour qu'elle fût plus tendre et plus blanche, on la nourrissait avec de la farine.

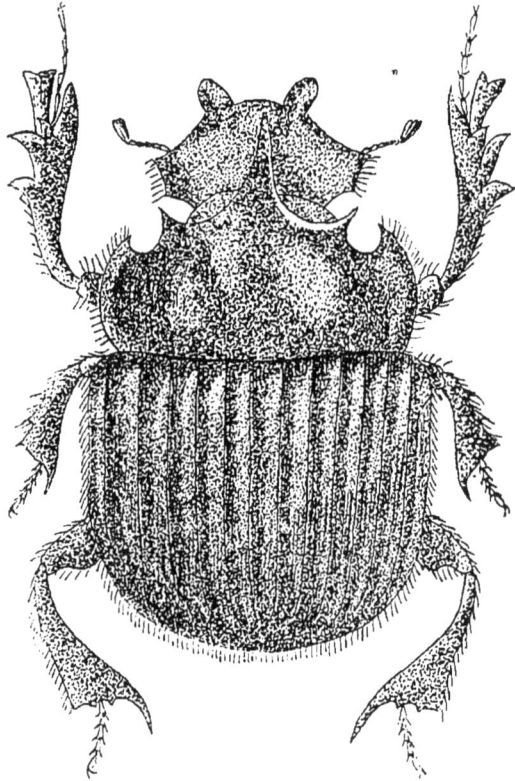

Fig. 134. — Copris Anténor.

Aujourd'hui les goûts ont changé, et vraisemblablement vous ne pourriez vous empêcher de manifester votre dégoût, si l'on vous servait, cuit à point, le gros ver du lucane.

A l'état adulte, le cerf-volant est doué d'une résistance vitale réellement prodigieuse. On en a vu survivre à une submersion dans l'eau qui avait duré trois jours et trois

Fig. 135. — Le Lucane cerf-volant *(Lucanus cervus)*.

nuits, et d'autres ressusciter après avoir été plongés pendant une heure dans l'alcool.

Un individu vécut une année entière, sans prendre la moindre nourriture, suspendu à un plafond par une épingle qui lui traversait le corps.

Voici la silhouette d'un énorme copris, le *C. antenor*, espèce toute noire qu'on trouve au Sénégal. Notre soleil d'Europe est trop froid pour donner la vie à de pareilles bêtes, qui seraient monstrueuses si leur taille était seulement grossie à celle d'un chien.

Le *scarabée nasicorne* est très reconnaissable à l'éminence saillante et recourbée qui orne la tête du mâle, et

Fig. 136. — Scarabée nasicorne.

qui vaut communément à cet insecte, de la part des enfants, le surnom de *rhinocéros*. C'en est bien un, en effet, toutes proportions gardées.

Il habite surtout le nord de l'Europe, et se rencontre dans le tan épuisé qui sert aux horticulteurs à faire leurs couches chaudes, et qu'ils étendent ensuite sur les routes. Dans certaines régions, il est très fréquent au voisinage des tanneries.

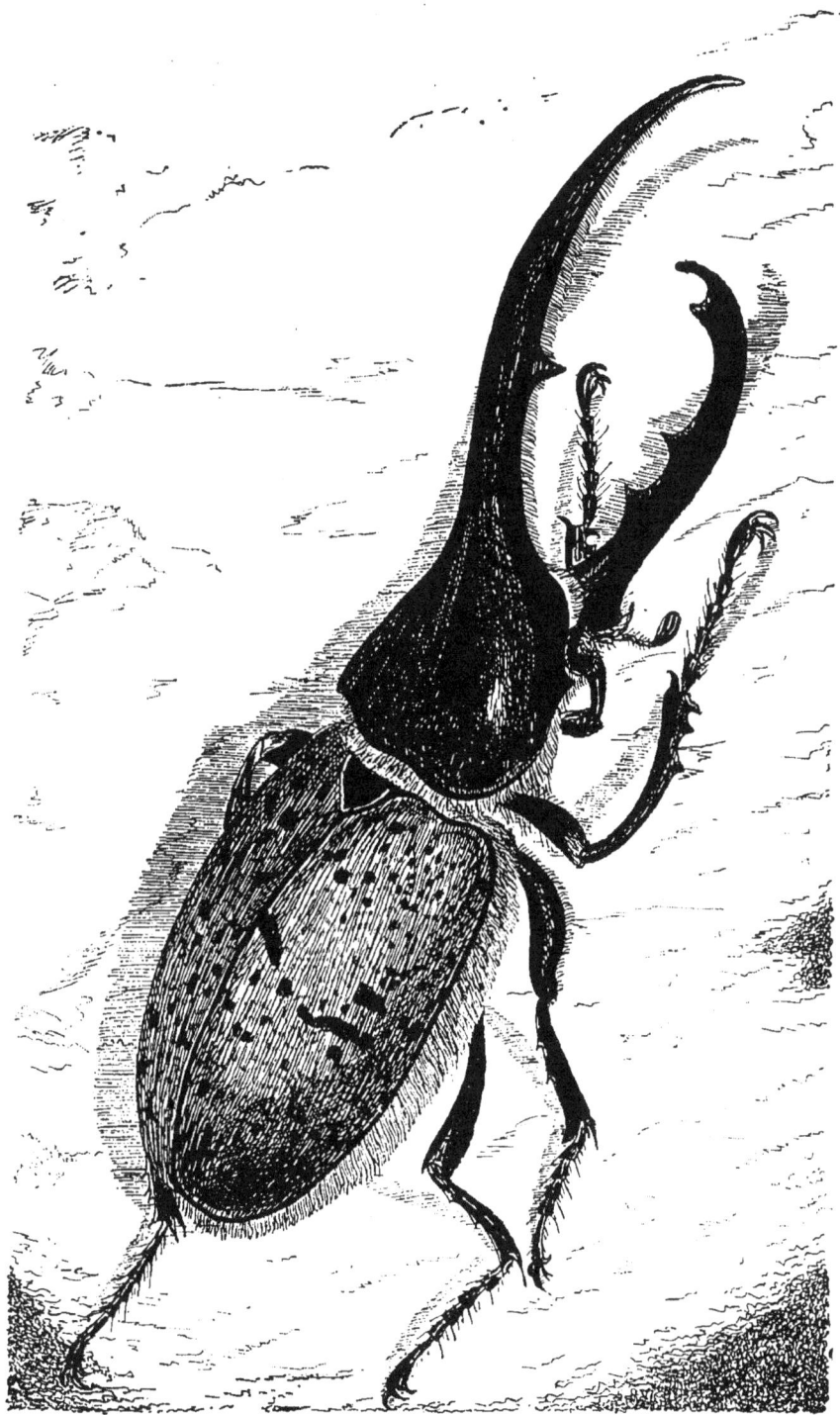

Fig. 137. — Dynastes Hercule.

L'*euchirus aux longs bras* offre des pattes d'une longueur démesurée, qui dépasse dix centimètres. C'est un
insecte exotique qui habite Amboine.

Chez le *dynastes Hercule*, la tête et le corselet sont prolongés chacun en une corne qui se recourbe légèrement

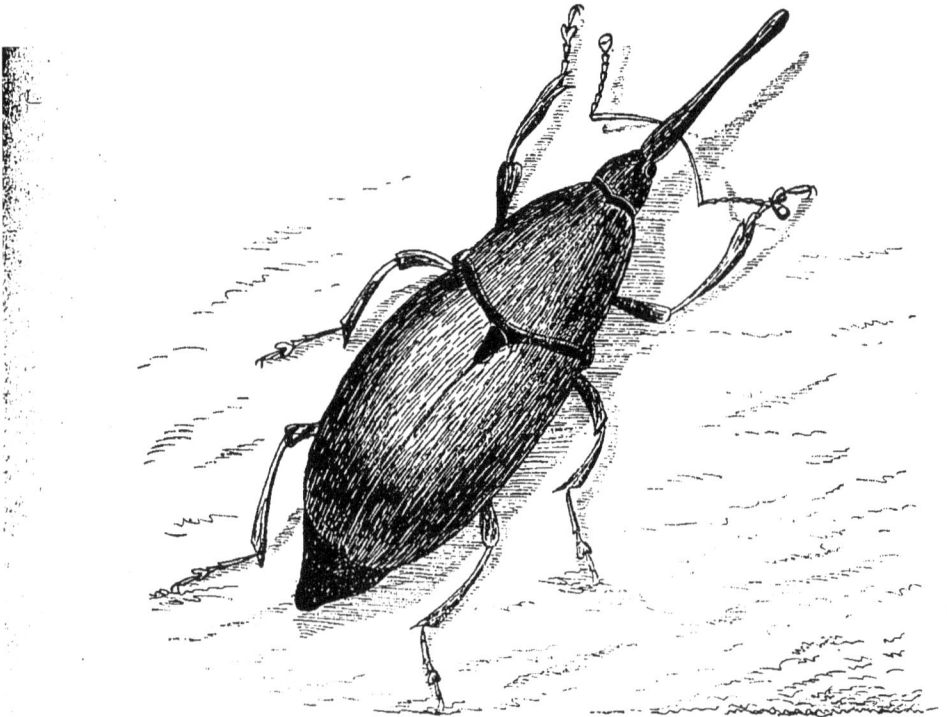

Fig. 138. — Protocérius colosse.

en dedans, et les dimensions de ces appendices sont telles
qu'elles donnent à l'insecte une apparence vraiment
menaçante.

Il est en entier noir, sauf les poils du dessous de la
corne du corselet, qui sont jaunes, et les élytres, qui sont
d'un vert olivâtre, avec quelques taches et marbrures
brunes.

Il habite l'Amérique tropicale, la Colombie, les Antilles;

on le trouve, et assez fréquemment, sur le tronc des vieux arbres dont le cœur est vermoulu.

Fig. 139. — Apodère au long col.

Les charançons se reconnaissent assez facilement à leurs tarses de quatre articles, dont l'avant-dernier est fendu

Fig. 140. — Brenthe anchorago.

comme un cœur de carte à jouer ; à leur tête prolongée en bec ; et à leurs antennes qui se divisent en deux parties formant un coude l'une avec l'autre.

Nous en avons représenté trois espèces, remarquables l'une par ses dimensions, les deux autres par l'allongement exagéré du thorax, qui forme à la tête comme une sorte de cou.

Fig. 141. — Acanthocine charpentier.

Les capricornes ne sont pas précisément des insectes bizarres. Bien au contraire, ils ne manquent pas d'élégance avec leurs longues antennes, qu'ils portent fièrement, recourbées en arrière, ainsi qu'un très gracieux ornement.

Beaucoup d'espèces volent rapidement, et ne trouvent rien de mieux à faire, durant leur existence toute de plaisir, que d'aller de fleur en fleur se barbouiller de pollen.

Leurs couleurs sont d'ordinaire peu vives. Parfois cependant les élytres sont ornés de dessins aux nuances tranchées.

La plupart font entendre, quand on les saisit, une petite

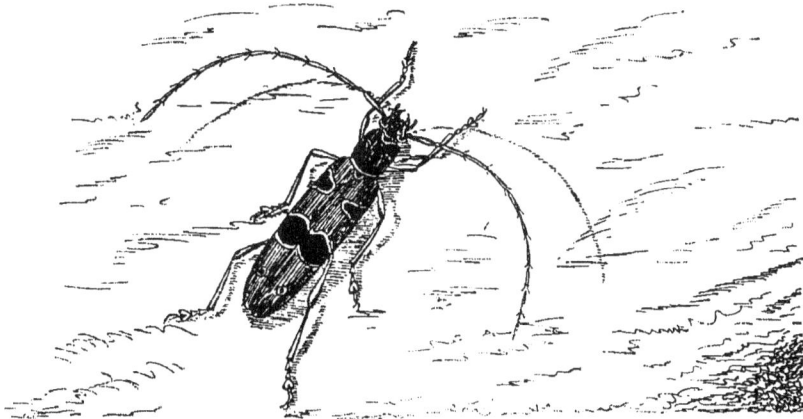

Fig. 142 — Rosalie des Alpes.

stridulation, due au frottement de deux de leurs anneaux thoraciques. Les enfants, qui s'expriment si souvent par images, disent alors de ces petites bêtes qu'elles *jouent du violon*.

Nous avons vu que les mantes affectent des formes bizarres, simulant l'écorce ou les feuilles sur lesquelles elles se posent, et cela dans le but d'échapper à leurs ennemis, et de surprendre ainsi plus facilement le gibier menu dont elles font leur nourriture.

Les espèces de nos pays ont déjà une structure bien étrange ; mais que dire de cette empuse gongylode, qui vole aux Indes-Orientales, et qu'on considèrerait sûrement comme une chimère inventée à plaisir, si les voyageurs ne nous l'avaient rapportée ?

Le truxale à grand nez est
un peu moins fantastique,
quoique bien singulier encore.
On le rencontre dans le midi
de la France.

Les êtres qu'on a trouvés,

Fig. 143. — Empuse gongylode.

dans ces dernières années, au fond des cavernes, des
grottes ou sous terre, ont tous révélé d'importantes modifications dans les organes qui se développent normale-
ment chez leurs congénères vivant au grand air.

Comme ils sont constamment plongés dans une complète obscurité, des yeux ne leur seraient pas utiles ; et on

constate en effet que l'appareil visuel est chez eux si réduit
qu'à peine peut-on, en certains cas, le soupçonner.

En revanche, le sens du toucher, leur guide unique au
milieu des ténèbres, est devenu extrêmement délicat, et il
est servi par des organes qui acquièrent une importance
considérable. Les palpes, les antennes, les pattes se sont
allongés, et l'insecte se sert habilement de ces outils aussi

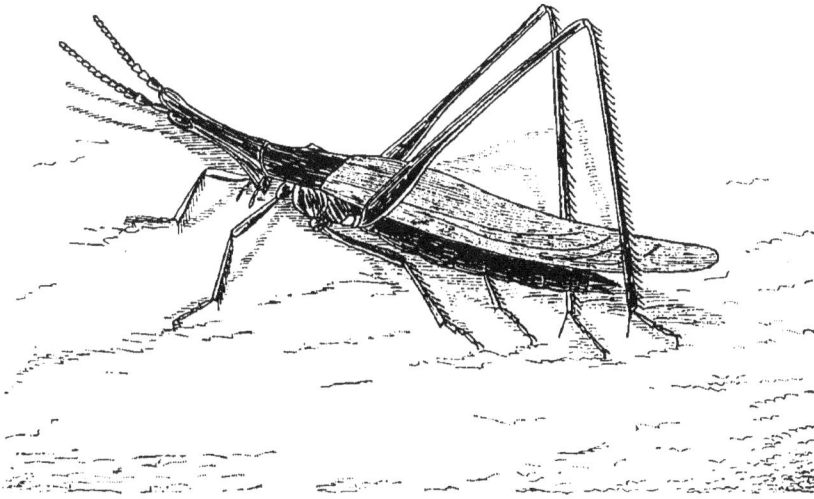

Fig 144. — Truxale à grand nez.

perfectionnés que possible, remplaçant pour lui des yeux
qui ne pourraient lui rendre aucun service.

Connaissez-vous la courtilière? C'est un insecte commun aux champs, dans les jardins, parfois si prolifique
qu'il fait le désespoir des horticulteurs ; et cependant, bien
peu de personnes ont vu son disgracieux individu.

C'est que le taupe-grillon ne vit que sous terre, et se
dérobe aux regards en se creusant dans le sol d'intermi-
nables galeries, sinueuses, ramifiées, dont il connaît tous
les embranchements, et où il s'abrite facilement, se riant
des pièges qu'on lui tend.

Nous avons fait son portrait, d'après nature ; il n'est ni flatté, ni chargé.

Au point de vue de l'appétit, la courtilière est un être vorace, glouton, qui semble ne vivre que pour son esto-

Fig. 145. — La Courtilière.

mac, auquel il faut une invraisemblable quantité de nourriture.

Elle ne fait pas grâce aux autres individus de son espèce, et elle est même capable, paraît-il, de se dévorer elle-même.

Nordlinger a raconté à ce sujet un fait extraordinaire. Une courtilière avait été coupée en deux par la bêche d'un jardinier, qui croyait l'insecte tué par ce terrible coup. Mais quelle ne fut pas sa stupéfaction lorsqu'il vit la moitié antérieure se mettre à dévorer l'autre tronçon !

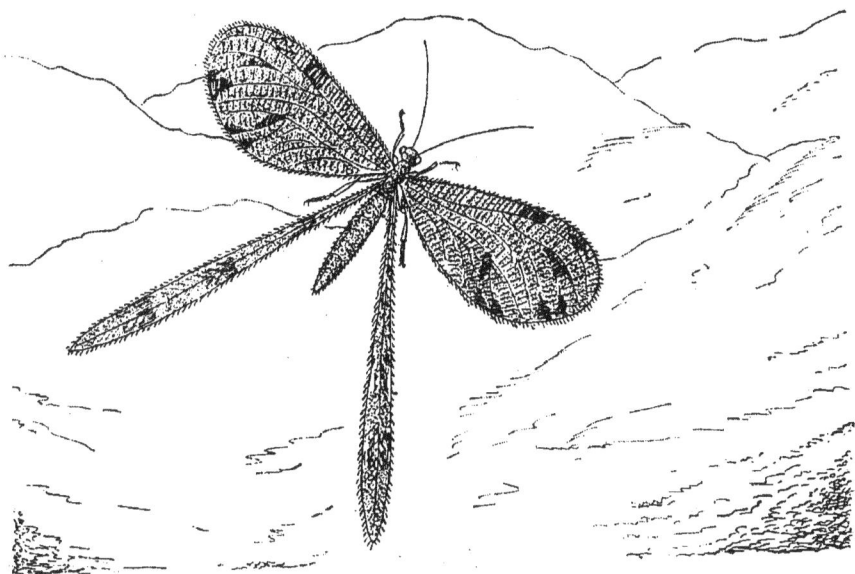

Fig. 146. — Le Némoptère.

Fig. 147. — Le Fulgore d'Europe.

Nous terminerons ce chapitre par une rapide mention accordée au némoptère, sorte de libellule dont les ailes

postérieures s'allongent en lanières dilatées à l'extrémité
et contournées sur elles-mêmes ; et à deux hémiptères

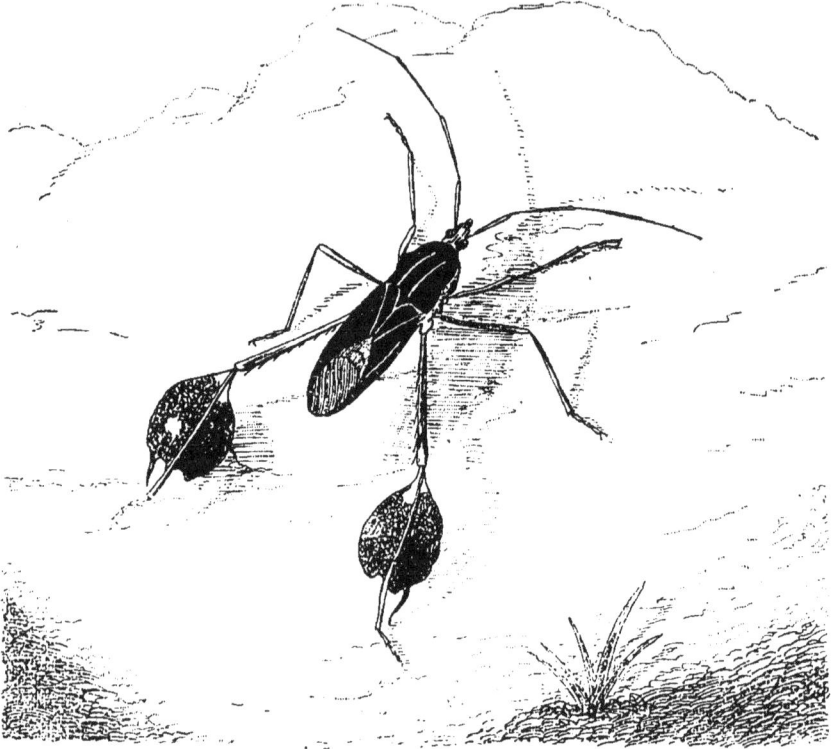

Fig. 148. — Le Diactor à deux raies.

singuliers, dont l'un a sur la tête un remarquable prolongement, comme les fulgores, et dont l'autre a les pattes
postérieures dilatées en une large expansion.

XV

LES FOURMIS

« Va-t'en, ô paresseux, vers la fourmi, considère sa conduite, et apprends la sagesse. N'ayant point de chef, ni de souverain, elle fait sa provision pendant l'été, et quand le temps de la moisson est venu, elle amasse de quoi se nourrir. »

Salomon ne pouvait mieux choisir que la fourmi pour proposer au paresseux l'exemple d'un animal actif et laborieux.

Car l'empressement au travail de ce minuscule insecte est incomparable, et rien n'égale l'activité d'une fourmilière, où chaque individu prend sa part de besogne, l'accomplit courageusement, où chacun joue son rôle, rouage de l'immense mécanisme, qui allant aux vivres, qui soignant les larves, recueillant les œufs, qui creusant les galeries, les rues de la cité souterraine.

C'est un remue-ménage, un incessant va-et-vient, l'image, sur une moindre échelle, de la fièvre avec laquelle les hommes vivent et s'agitent dans nos grandes villes.

« L'absence d'organes pour le vol, écrit M. Künckel, rapproche bien davantage la fourmi et sa république de nos habitudes, de nos institutions sédentaires, que l'abeille ailée voltigeant dans les airs. L'homme se retrouve moins dans un être qui vole que dans celui qui marche : aussi, à la dimension près, qui est de peu d'importance pour la nature, que sont nos cités, sinon de grandes fourmilières humaines ?

« Cette comparaison paraîtra surtout frappante lorsque l'on considèrera Paris, ou toute autre ville, du sommet d'une montagne ou du faîte de l'un de ses monuments ; les habitants même, rapetissés par l'éloignement et raccourcis de taille par la perspective, ne paraissent plus que des myrmidons, comme les anciens peuples qui, selon la Fable, furent d'abord des fourmis. »

Les sociétés de fourmis se rapprochent un peu, au point de vue de l'organisation, des peuplades humaines à demi policées.

Elles ont des lois instinctives auxquelles chaque individu se ferait scrupule de déroger ; les différents membres qui les composent communiquent entre eux, échangent des avis, des indications, qui, chose remarquable, sont exclusivement compris par les habitants d'une même fourmilière, les intrus étant incapables de déchiffer ce muet langage.

Il y a des castes, des patriciens qui se font servir, et dont l'occupation principale consiste à manger, et des esclaves qui servent.

Toutes les fourmis ont un sexe ; cependant il y en a un certain nombre dans chaque nid qui n'interviennent pas dans la perpétuation de l'espèce, et qui sont exclusivement vouées aux travaux exigés par les besoins de la communauté.

Ces ouvrières n'ont pas d'ailes.

Au contraire, les mâles et les femelles à qui est dévolue la mission de reproduire la race, sont ailés ; à une époque donnée, ils s'élèvent dans l'air, où les mariages se célèbrent. Puis les femelles redescendent sur la terre, perdent leurs ailes ou se les font arracher par les ouvrières, et se livrent tout entières au devoir de fonder de nouvelles colonies.

Quant aux mâles ils disparaissent sans laisser de traces.

Ecoutons Michelet, le poète de l'*Insecte* :

« La scène la plus surprenante à laquelle on puisse assister, dit-il, c'est un mariage de fourmis.

« Les folies, comme on sait, les plus folles sont celles des sages. L'honnête, l'économe, la respectable république donne alors — un seul jour, il est vrai, par année —

Fig. 149. — Fourmi mâle.

Fig. 150. — Fourmi femelle.

un prodigieux spectacle plein de vertige, et, tranchons le mot, de terreur. M. Huber y trouve l'aspect d'une fête nationale. Quelle fête ! et quelle scène d'ivresse ! Mais

Fig. 151. — Fourmi ouvrière ou neutre.

non, rien d'humain ne donne l'idée de cette tourbillonnante effervescence.

« Je l'observai un jour d'orage, entre six et sept heures du soir. Le jour avait été mêlé d'ondées et de chaude lumière. L'horizon était fort chargé et cependant l'air calme. Il y avait une halte pour la nature avant la reprise des grandes pluies.

« Sur un toit bas et incliné, je vis d'une même averse tomber tout un déluge d'insectes ailés qui semblaient étourdis, ahuris, délirants. Dire leur agitation, leurs

17

courses désordonnées, leurs culbutes et leurs chocs pour arriver plus tôt au but, serait chose impossible... Le plus grand nombre tournait, tournait sans s'arrêter. Tous étaient si pressés de vivre que cela même y faisait obstacle. Ce désir fiévreux faisait peur.

« Terrible idylle ! On n'eût pas su en conscience ce qu'ils voulaient. A travers ce peuple éperdu de fiancés qui ne connaissaient rien, erraient d'autres fourmis sans ailes, qui s'attaquaient surtout aux gens les plus embarrassés, les mordaient, les tiraient si bien que nous pensâmes les voir croquer par elles. Mais point. Elles voulaient seulement s'en faire obéir et les rappeler à eux-mêmes. Leur vive pantomime, c'était le conseil de la sagesse, traduit en action. Les fourmis non ailées, c'étaient les sages et irréprochables nourrices, qui, n'ayant pas d'enfants, élèvent ceux des autres et portent tout le poids du travail de la cité.

« Ces vierges inspectaient sévèrement les noces, comme l'acte public qui, chaque année, refait le peuple. Leur crainte naturelle était que ces fous envolés n'allâssent ailleurs créer d'autres peuplades, sans souci de la mère-patrie.

« Plusieurs ailées cédaient, se laissaient ramener en bas vers la patrie et la vertu. Mais beaucoup s'arrachaient et décidément s'envolaient...

« Ce fut une étonnante vision, un songe fantastique à ne jamais sortir de la mémoire. »

Donc, comme une ruche, la fourmilière comprend trois sortes d'individus : des ouvrières chargées de tous les travaux, des mâles plus ou moins oisifs, et une ou plusieurs mères dont l'office est de pondre des œufs, et d'assurer le repeuplement de la colonie.

On trouve encore dans certaines espèces des ouvrières plus grandes, avec une tête volumineuse armée de mandibules très robustes ; on les nomme soldats, et on estime qu'elles sont préposées à la garde des nids.

Le principal office des ouvrières est d'aller au dehors chercher des provisions, et de les rapporter dans les magasins de la communauté.

Aussi les voit-on le plus souvent aux abords des nids, chargées de fardeaux souvent bien lourds pour leurs forces, mais qu'elles traînent avec courage, ne se laissant rebuter par aucun obstacle.

Si l'objet à transporter est décidément trop pesant, elles

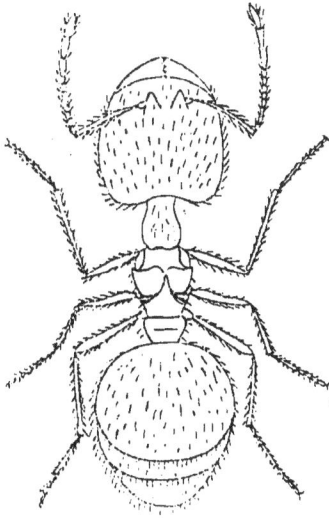

Fig. 152. — *Camponotus marginatus.* Soldat.

se rassemblent en nombre suffisant pour faire face à la tâche, mettant en pratique l'adage : l'union fait la force.

Qu'on nous permette de citer à ce sujet le trait suivant, raconté par Gratien de Semur :

« Après la mort de l'illustre Lagrange auquel il servait de collaborateur bénévole dans la solution de ces problèmes transcendants, Parseval-Deschênes, un des hommes les plus complets et les plus modestes que nous ayons connus, cet homme qui, plus de dix ans avant la découverte de la Pallas, avait annoncé l'apparition de cette planète d'après la constante étude qu'il faisait de la région céleste où elle se montra en effet à l'époque qu'il lui assignait, Parseval-Deschênes renonça à ses travaux mathématiques; il fallait donc que son besoin d'étudier, d'observer, se reportât sur quelque autre objet. Etant allé passer quelques mois à la campagne chez un autre de ses amis, M. d'Aubusson de la Feuillade, dans une de ses rêveuses promenades, il avisa, dans un bois, une énorme fourmilière, et aussitôt il prit la résolution d'étudier les fourmis. Il sortait avant l'aube et ne rentrait au château qu'à la nuit d'assez mauvaise humeur. Le quatrième ou le cinquième jour, il revint rayonnant de joie. Parseval-Deschênes se donnait bien garde d'étudier plusieurs fourmis à la fois, comme dans le monde on croit apprendre à connaître les hommes par de nombreuses fréquentations. Voici comment il procédait : arrivé près de la fourmilière, avant qu'aucune fourmi ne se fût mise en course, il attendait leur départ, et alors il en choisissait une qu'il suivait des yeux depuis le moment de sa sortie jusqu'au moment de sa rentrée. Comme nous l'avons dit, les premières journées furent sans résultat. Quant à la dernière journée !... il nous semble encore entendre Parseval-Deschênes racontant ses observations avec son animation habituelle :

« — Figurez-vous, nous disait-il, que vers quatre heures de l'après-midi je vois ma fourmi arriver au pied d'un monticule. Impossible lui est de le franchir avec son fardeau ; alors elle le dépose, regarde de tous côtés, et, ne découvrant point de fourmi, sans hésitation elle retourne à vide sur ses pas. Jugez avec quelle anxiété je la suivis des yeux. A une quinzaine de pas ma fourmi rencontre une de ses compagnes, chargée aussi d'un fardeau.

« Elles s'arrêtent toutes les deux ; elles semblent tenir conseil pendant quelques instants, après quoi elles reprennent ensemble la voie qui les conduit au pied du monticule.

« Là je vis le spectacle le plus curieux auquel j'aie jamais assisté. La seconde fourmi déposa aussi son fardeau; et ensuite elles se munirent ensemble d'un brin d'herbe ;

agissant de concert elles en introduisirent une extrémité sous le fardeau trop pesant, et presque sans efforts elles lui firent franchir le monticule. Chacune des fourmis reprit sa charge et toutes deux parvinrent à la fourmilière sans autre encombre.

« A la fin, Parseval-Deschênes se frottait les mains ; il trépignait d'aise et il ajoutait, avec une expression de physionomie dont nous ne saurions donner une idée :

« — Ai-je bien fait de renoncer aux mathématiques !... Les fourmis connaissent le levier d'Archimède ! »

Les fourmis n'utilisent pas seulement la force de leurs mandibules à transporter des vivres ; elles savent aussi se transporter mutuellement, soit pour secourir leurs compagnes fatiguées, soit pour apprendre à celles qui ne le

Fig. 153. — Transport mutuel.

connaissent pas le chemin conduisant à une table bien servie, à un district où l'on peut rencontrer du sucre, du miel ou une autre friandise.

C'est un mode de communication qui n'est pas banal.

« Ayant dérangé, rapporte Huber, l'habitation d'une peuplade de fourmis fauves, je m'aperçus qu'elles changeaient de domicile. Je vis à dix pas de leur nid une nouvelle fourmilière qui communiquait avec l'ancienne par un sentier battu dans l'herbe, et le long duquel les fourmis passaient et repassaient en grand nombre. Je remarquai que toutes celles qui allaient du côté du nouvel établissement étaient chargées de leurs compagnes, tandis que celles qui se dirigeaient dans le sens contraire marchaient une à une ; celles-ci allaient sans doute dans l'ancien nid chercher des habitants pour le nouveau : ce fut pour moi un trait de lumière.

« Le nombre des fourmis porteuses, d'abord fort petit, augmentait à chaque instant ; je n'en voyais au commencement que deux ou trois dans le sentier, et c'étaient probablement les mêmes ; mais quand elles en avaient amené assez d'autres pour subvenir aux travaux de la nouvelle fourmilière, une partie des colons allaient à leur tour dans l'ancien nid, d'où ils tiraient, comme d'une pépinière, des habitants pour celui qu'ils voulaient peupler.

« Il fallait voir arriver les recruteuses sur la fourmilière natale pour juger avec quelle ardeur elles s'occupaient de leur colonie : elles s'approchaient à la hâte de plusieurs fourmis, les flattaient tour à tour de leurs antennes, les tiraient par leurs pinces et semblaient en vérité leur proposer le voyage. Celles-ci se trouvaient-elles disposées à partir, je les voyais se saisir par leurs mandibules, et tandis que la porteuse se retournait pour enlever celle qu'elle avait gagnée, celle-ci se suspendait et se roulait au-dessous de son cou ; tout cela se passait ordinairement de la manière la plus amicale, après un battement mutuel de leurs antennes sur la tête l'une de l'autre, et avec des mouvements peu différents de ceux qu'elles font lorsqu'elles se donnent à manger... Lorsqu'on était arrivé vers la nouvelle habitation, la fourmi suspendue à la mandibule se déroulait et quittait sa conductrice. »

Les travaux auxquels s'astreignent les ouvrières dans une fourmilière sont complexes et variés. L'un des plus pénibles est vraisemblablement l'établissement des nids :

car il faut creuser, des mandibules et des pattes, dans le bois ou la terre, déplacer les graviers dont la chute pourrait être fatale aux larves, mettre en place des matériaux divers et les assujettir.

Il faut, pour réussir dans un pareil labeur, de l'industrie, du courage et de l'entente.

Les espèces qui nidifient dans la terre n'obéissent pas à des règles d'architecture bien spéciale ; l'aménagement de

Fig. 154. — Nid de la Fourmi rousse.

la cité est simplement commandé par les besoins généraux de la communauté, et le seul but poursuivi est de fournir un abri aux adultes, des chambres d'éclosion aux larves, des greniers pour déposer et conserver les vivres.

Quelques fourmis cependant donnent à leurs nids l'importance d'une véritable construction. C'est une sorte d'immense palais souterrain, que protège au dehors un dôme plus ou moins élevé, recouvert de débris de toutes sortes, en particulier de menues brindilles destinées à le consolider.

Ce dôme est percé d'ouvertures irrégulières, qui sont

les portes par lesquelles entrent et sortent lés ouvrières affairées, en course pour les intérêts communs de l'état.

Les portes sont ouvertes quand il fait beau, quand le soleil accorde à la terre de tièdes caresses ; la fourmi prudente les ferme en temps de pluie, et les barricade même si les sentinelles annoncent l'approche d'un ennemi, si la république court le risque d'une invasion.

Du dôme, des galeries descendent, circulairement, décrivant des spirales. Le centre de la construction est

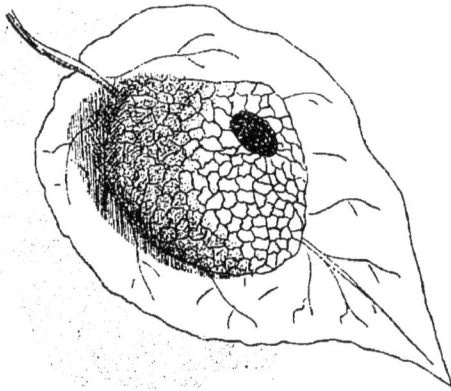

Fig. 155. — Nid de Fourmi sur une feuille.

une assez grande place libre, où viennent aboutir les galeries qui rayonnent en tous sens. Dans des compartiments spéciaux sont logées les larves et les nymphes, avec les nourrices qui en prennent soin.

Les nids des espèces sculpteuses sont établis avec la même économie, et témoignent d'un instinct tout aussi industrieux :

« Qu'on se représente, écrit Huber, qui les a étudiés spécialement, l'intérieur d'un arbre entièrement sculpté, des étages sans nombre, plus ou moins horizontaux, dont les planchers et les plafonds, à cinq ou six lignes de distance les uns des autres, sont aussi minces que des cartes à jouer, supportés tantôt par des cloisons verticales formant une infinité de cases, tantôt par une multitude de petites colonnes qui laissent voir entre elles la profondeur d'un étage presque entier, le tout d'un bois noirâtre et enfumé, et l'on aura une idée assez juste de l'habitation des fourmis fuligineuses.

« La plupart des cloisons verticales qui divisent chaque étage en compartiments sont parallèles ; elles suivent le sens des couches ligneuses, toujours concentriques, ce qui donne un air de régularité à l'ouvrage. Les planchers pris dans leur ensemble sont horizontaux ; les petites colonnes sont d'une à deux lignes d'épaisseur, plus ou moins arrondies, d'une hauteur égale à l'élévation de l'étage qu'elles supportent, plus larges en haut et au bas que dans le milieu, un peu aplaties à leur extrémité et rangées en lignes, parce qu'elles ont été taillées dans des cloisons parallèles.

« ... Ici, ce sont des galeries horizontales, cachées en grande partie par leurs parois, qui suivent les couches ligneuses dans leur forme circulaire ; ces galeries, parallèles, séparées par des cloisons très minces, n'ont de communication que par quelques trous ovales pratiqués de distance en distance. Là, des parois percées de toutes parts sont transformées en colonnades qui soutiennent les étages et laissent une communication parfaitement libre dans toute leur étendue ; le parquet, creusé en forme de sillons inégaux, sert à retenir les larves des fourmis. »

Le nid est bâti, non sans efforts et sans fatigue. Il faut maintenant prendre soin de sa jeune population, qui assurera le repeuplement futur de la colonie. C'est encore aux ouvrières qu'est dévolu ce souci.

Sur un petit tas de débris, dans une chambre, la mère a déposé quelques œufs, blancs ou d'un jaune pâle. Aussitôt les ouvrières s'en emparent, les lèchent en les retournant doucement entre leurs pattes, les transportent, avec toutes sortes de précautions, à l'étage supérieur, s'il fait beau temps, à l'étage inférieur, s'il pleut.

Quand les larves sont écloses, elles sont l'objet des mêmes attentions ; les ouvrières les alimentent avec un liquide sucré qu'elles dégorgent, elles les tournent en tous sens, les nettoyant avec une rare activité.

Ce sont de petites bêtes très soigneuses, et elles témoignent à leurs nourrissons un attachement sans bornes. Un observateur — les savants ont de ces cruautés — a vu une fourmi à qui il avait coupé l'abdomen, transporter encore une dizaine de larves. Son travail ne cessa qu'avec sa vie.

Après leur transformation en nymphes, nues ou entourées d'un cocon, les jeunes fourmis ne sont pas encore abandonnées ; et sans cesse des ouvrières sont occupées à les porter d'un lieu à un autre, afin de les maintenir toujours dans la température qui convient le mieux à leur éclosion.

L'alimentation des fourmis consiste essentiellement en liquides sucrés, qu'elles empruntent indifféremment à des substances animales ou à des substances végétales.

Elles trouvent principalement leur nourriture dans les fruits, les sucs des plantes, les viandes, les cadavres d'animaux et en particulier d'insectes.

La plupart aussi savent recueillir la petite gouttelette sucrée que les pucerons rejettent par l'extrémité postérieure de leur corps, et quelques espèces mêmes ont une prédilection si marquée pour ce genre de friandise qu'elles prennent la peine de domestiquer les pucerons, pour avoir toujours à leur disposition ample provision du liquide mielleux.

Ces relations des fourmis avec les pucerons, qu'elles protègent, dans un but intéressé, contre leurs ennemis, constituent un chapitre si intéressant de leur histoire, que nous devons à ce sujet entrer dans quelques détails.

Les pucerons sont pour les fourmis de véritables vaches à lait, qu'elles parquent absolument comme des troupeaux.

Lorsqu'elles veulent en obtenir une gouttelette sucrée, elles les caressent doucement à l'aide de leurs antennes, les lèchent délicatement, et le puceron, touché de tant d'attentions, abandonne la friandise dont la rusée fourmi s'empare aussitôt.

Non contentes d'aller exploiter chez lui le peuple des pucerons, elles en enlèvent parfois des tribus entières, qu'elles transportent à leur nid, qu'elles nourrissent et qu'elles entretiennent, vraisemblablement pour les avoir, les jours de pluie, sous... la patte.

Dans d'autres cas, elles laissent les pucerons en place, mais édifient, au-dessus de la feuille où broutent ces paisibles insectes, de minuscules étables en terre gâchée ; quelquefois, des chemins couverts conduisent du nid à ces étables.

On ne saurait pousser plus loin la prévoyance, également avantageuse, d'ailleurs, pour les exploiteurs et pour les exploités.

Exceptons toutefois les cas de disette, où le puceron devient pour la fourmi animal de boucherie : « Je voyais un puceron, raconte M. Duvau, se cramponner comme pour mettre bas un petit ; une fourmi se mit à le palper, et se retira à plusieurs reprises. Enfin, impatientée, je suppose, de ne point obtenir la gouttelette qu'elle attendait, elle saisit le puceron par le ventre, l'entraîna à un demi-pouce du lieu où il était, le suça fortement, de manière à l'aplatir, et le laissa comme mort sur la place. »

Ventre affamé n'a pas d'oreilles !

Les pucerons qui vivent sur les racines forment tout naturellement des troupeaux souterrains, auxquels les fourmis n'ont plus qu'à creuser une étable convenable.

M. Lichtenstein rapporte à ce sujet un fait dont il a été témoin, et qui prouve comment les industrieux insectes savent tirer parti de toutes les ressources que la nature met à leur disposition :

« Quand, vers les premiers jours de juillet, on arrache quelques touffes de graminées, on trouve à peu près une plante sur dix aux racines de laquelle s'est fixé un gros puceron ailé à abdomen vert avec une grande tache discoïdale et des points sur les côtés de couloir noire. C'est le *Schizoneura venusta*. Ce puceron est un émigrant qui arrive je ne sais d'où et se pose au collet de la plante ; là, faible, incapable de se frayer une route souterraine, il attend quelque ami pour l'aider à atteindre les racines où il doit poser sa progéniture. Il n'attend pas longtemps : la première fourmi qui passe s'arrête, l'examine et court avertir ses compagnes. Bientôt une demi-douzaine de fourmis arrivent et commencent par lacérer les ailes de l'aphidien pour qu'il ne s'échappe pas ; en même temps elles creusent avec une rapidité inouïe une descente facile, un petit tuyau dans lequel s'engage le *Schizoneura* et qui le conduit droit à une radicelle sur laquelle il se fixe. Autour de lui un petit réduit est aussitôt pratiqué par ces intelligentes protectrices qui l'entourent de soins et en sont récompensées par les sucs que le puceron et sa progéniture vont lui fournir. Tous les pucerons de cette phase ont les ailes arrachées... »

Bien que les fourmis n'aient pas, en général, malgré l'affirmation de La Fontaine, besoin d'amasser des provisions dans leurs greniers, puisque l'approche de l'hiver les engourdit ou les tue, cependant certaines espèces, notamment dans les pays chauds, transportent dans leurs nids des graines qu'elles y accumulent.

Ces graines ne sont pas dévorées telles quelles, mais lorsqu'elles ont subi un commencement de germination qui y développe les principes sucrés qui plaisent aux fourmis.

C'est l'Anglais Traherne Moggridge qui a le mieux étudié les mœurs des fourmis moissonneuses. Aussi nous espérons qu'on nous saura gré de rapporter ici quelques-unes de ses observations.

« J'avais à peine mis le pied sur la *garrigue*, nom sous

Fig. 156. — Fourmis et Pucerons.

lequel se désigne, à Menton et dans toute la Provence, les terrains incultes, que je rencontrai une longue colonne de fourmis formée de deux files, dont chacune suivait une direction contraire, les unes avec la bouche pleine, les autres avec la bouche vide.

« Il n'était pas difficile de trouver le nid auquel appartenaient ces fourmis ; il n'y avait pour cela qu'à suivre la file de celles qui étaient chargées de graines ou de capsules entières... A l'ombre d'un buisson de cistes se trouvait le nid, à l'entrée duquel on voyait le courant incessant des entrants et des sortants.

« Les travailleurs séchaient leur récolte à une certaine distance du nid, et allaient la chercher dans un champ où les herbes étaient plus abondantes et plus variées. Dans quelques cas, quand les terrasses étaient trop éloignées, elles se contentaient de ravager les graminées, les fleurs de pois, les mélinets et autres habitants de la garrigue. Une fois je pouvais suivre la colonne des travailleurs à partir du nid jusqu'à la terrasse où se trouvaient les végétaux dont elles recueillaient les graines, et je trouvais que la longueur de cette double file était à peu près de deux yards (1) ; cela ne donne qu'une idée approximative du nombre de fourmis qui sont au service de la colonie, car des centaines d'entre elles étaient déjà disséminées parmi les plantes sur la terrasse, et occupées à trier les matériaux, tandis que d'autres étaient retenues par les soins domestiques au fond du nid.

« Cela prouve avec évidence que l'approvisionnement se fait sur une grande échelle et méthodiquement ; cela prouve en même temps la grande importance que ces créatures attachent à la récolte des graines.

« Mais ce qui est vraiment étonnant, c'est de voir les fourmis non seulement s'emparer des grains déjà mûrs, mais aussi rechercher les capsules encore vertes, dont les pédoncules déchirés annoncent qu'elles ont été récem-

_____

(1) Mesure de longueur anglaise, équivalant à 914 millimètres.

ment détachées de la plante-mère. Voici comment elles s'y prennent : une fourmi monte sur la tige d'une plante chargée de fruits, de la bourse-à-pasteur, par exemple, et choisit une silique encore verte, mais bien pleine, placée au milieu de la tige, tandis que celles des côtés sont prêtes, au moindre attouchement, à laisser tomber leurs graines. Alors, la saisissant entre ses fortes mandibules, et se servant de ses pattes postérieures comme de point d'appui solide ou de pivot, elle se met à tourner autour du pédicule jusqu'à ce qu'elle l'ait rompu. Après quoi, chargée de son fardeau lourd et disproportionné, elle descend à grand'peine en tournant jusqu'au pied de la tige, et rejoint ses compagnes sur la route du nid. C'est ainsi que sont recueillis les capsules de l'*Alsine media*, des calices entiers de *Calamintha*. Quelquefois deux fourmis réunissent leurs efforts, et tandis que l'une ronge le pédicule, l'autre l'arrache en le tordant. Je n'ai jamais vu une capsule détachée de sa tige par une coupure ; probablement les mandibules de ces fourmis ne sont pas conformées pour exécuter une telle opération. J'ai observé quelquefois qu'après avoir détaché des capsules, les fourmis les laissaient tomber à terre, où leurs compagnes s'en emparaient et les emportaient, ce qui est complètement d'accord avec le récit que nous donne Ælien de la façon dont les épillets de froment sont coupés et jetés à terre pour le peuple qui se trouve en bas. »

Toutes ces graines que les fourmis moissonneuses emmagasinent dans leurs greniers trouvent précisément dans le nid des conditions exceptionnellement favorables à leur germination, et en particulier une humidité tiède très apte à gonfler leurs tissus.

Et cependant, encore qu'elles y soient amoncelées par milliers, aucune d'elles ne germe. Les fourmis mettent en œuvre, pour enrayer tout développement, un procédé encore mystérieux, connu d'elles seules, et qui vraisem-

blablement nécessite, pour être efficace, une attention
continuelle.

Car si on soustrait les graines à l'influence des fourmis,
si on interdit à ces menues bestioles l'accès de leurs greniers, on ne tarde pas à constater un commencement de
germination.

Quand est arrivé le moment où les graines doivent servir
à la nourriture de la colonie, les fourmis abandonnent le
grain à lui-même ; et, l'humidité aidant, il a vite retrouvé
sa faculté germinative.

Toutefois, comme son développement ne doit pas se
continuer au delà de la période précise où son amidon,
transformé en sucre, devient substance alimentaire absolument du goût des fourmis, elles prennent bien soin de
ronger, à mesure qu'elle se développe, la jeune racine.

Sous l'influence de l'eau qui pénètre dans la graine et la
gonfle, les enveloppes éclatent, et l'amande prend une
consistance molle, pulpeuse, accessible aux mandibules.

En cas de disette, les fourmis moissonneuses donnent
satisfaction à leur appétit en s'emparant de toute substance
alimentaire, quelle qu'elle soit, qui se trouve à leur portée.
Elles manifestent une prédilection toute spéciale pour les
insectes ; cependant, elles ne s'attaquent pas d'ordinaire
aux pucerons, et, à l'inverse des autres espèces, elles ne
recherchent guère les exsudations sucrées des plantes.

Quelques colonies jugent inutile de se donner la peine de
faire elles-mêmes leurs provisions, et trouvent beaucoup
plus simple d'aller piller les greniers où leurs sœurs, plus
laborieuses et plus honnêtes, ont entassé le fruit de leurs
récoltes.

Nous venons de voir les fourmis qui s'opposent à la
germination des graines qu'elles recueillent ; en voici
d'autres maintenant qui, au contraire, sèment ces graines
en terrain convenable, et travaillent le sol afin de leur
permettre de s'y développer et d'y prospérer. Après les
moissonneuses, les agricoles.

Ces fourmis appartiennent au genre américain *Pogono-myrmex*. Darwin va nous initier à leurs mœurs extrêmement curieuses, d'après les observations du docteur Lincecum :

« L'espèce que j'appelle *agricole,* raconte le docteur Lincecum, est une grosse fourmi brune. Elle habite des cités en quelque sorte pavées, et, en véritable agriculteur actif, prévoyant et habile, sait prendre à temps les dispositions exigées par les diverses époques de l'année. En un mot, elle est douée d'une habileté, d'un jugement, d'une patience infatigables, de façon à pouvoir lutter avantageusement contre les mécomptes accidentels qui peuvent surgir dans la lutte pour l'existence.

« Quand elle a choisi l'emplacement de son domicile, si le terrain est un sol ordinaire, sec, elle creuse un trou, autour duquel elle entasse de la terre à la hauteur de trois à six pouces, et construit un remblai circulaire, bas, qui monte en pente douce du centre jusqu'au bord extérieur, éloigné parfois de l'entrée de près de trois à quatre pieds. Si le sol de la localité choisie est bas, humide, mou, exposé à l'inondation, quand même il serait tout à fait sec au moment où la fourmi se met à l'œuvre, elle exhausse le remblai en forme de cône assez pointu, de quinze à vingt pouces et davantage, et place l'entrée près du sommet.

« Dans les deux cas, la fourmi sarcle le terrain autour du remblai, en enlève tout ce qui pourrait l'encombrer, en aplanit et nivelle la surface à la distance de trois ou quatre pieds de la porte de la cité, ce qui lui donne l'aspect d'une belle place pavée. Aucune végétation, sauf une seule espèce de graminée, l'*Aristida stricta,* n'est tolérée dans l'intérieur de cette cour pavée. Après avoir semé cette plante tout autour, à la distance de deux ou trois pieds du milieu du remblai, l'insecte la cultive et la soigne avec la plus grande sollicitude, en rongeant toutes les plantes et herbes qui poussent par hasard dans l'enceinte, ou qui croissent à la distance d'un à deux pieds en dehors de ce rayon cultivé. La graminée ensemencée s'épanouit toute

18

luxuriante et donne une riche moisson de petites semences blanches, dures comme le caillou, qui, au microscope, ressemblent beaucoup au riz ordinaire. »

Lorsque ces graines sont mûres, les fourmis les recueillent avec soin, les transportent dans leurs nids, et les séparent des balles ou glumes, lesquelles sont rejetées hors de la cour pavée.

Si la saison des pluies vient plus tôt qu'elle ne le fait ordinairement, les graines, qui, mouillées, courraient le risque de germer, sont, aux premiers beaux jours, exposées dehors à la chaleur du soleil, puis réintégrées dans les greniers.

En réalité, les fourmis agricoles sont des fourmis moissonneuses, qui, au lieu de récolter indifféremment diverses espèces de graines, ont trouvé plus simple de semer en abondance, et à leur portée, la plante portant les semences qui leur plaisent le plus.

Notre raison n'est-elle pas confondue devant cette prévoyance industrieuse accordée par la Sagesse infinie à des bestioles si humbles !

Parmi les colonies de fourmis, les unes élèvent des troupeaux, les autres cultivent la terre, d'autres moissonnent, d'autres glanent. D'autres encore, dont nous allons esquisser l'histoire, les patriciennes de la race, trouvant indignes d'elles les occupations domestiques, déclarent la guerre aux tribus voisines, et se procurent ainsi des esclaves astreints à tous les travaux de la communauté.

Ces fourmis ont tellement l'habitude de se faire servir qu'elles sont incapables de tout travail ; leurs mandibules ne sont plus aptes qu'à satisfaire leurs instincts belliqueux ; ce sont des armes, ce ne sont plus des outils.

Elles ne sauraient même plus se nourrir elles-mêmes, et elles mourraient de faim à côté des plus riches provisions si leurs esclaves ne venaient dégorger dans leur bouche le liquide nourricier.

Pour donner une idée des mœurs des fourmis esclavagistes, nous ne saurions mieux faire que de reproduire les récits de quelques observateurs qui les ont étudiées avec soin et aussi avec intérêt.

Ecoutons d'abord Lespès, qui a suivi les péripéties d'une campagne d'amazones, *Polyergus rufescens*, espèce de l'Europe méridionale :

« Ces expéditions n'ont lieu qu'à la fin de l'été et en automne. Vers cette époque, les individus ailés des espèces esclaves ont déjà quitté les nids ; les amazones se gardent bien de se charger des bouches inutiles. Les brigands quittent leur camp vers les trois ou quatre heures de l'après-midi, par un temps pur et serein. D'abord, il n'y a point d'ordre dans leurs mouvements, mais du moment où toutes les forces sont rassemblées, une colonne régulière se forme. Cette colonne avance avec rapidité, et chaque jour prend une direction. Les rangs sont étroitement serrés, et les amazones qui marchent en tête semblent chercher quelque chose à terre. D'ailleurs, cette tête de colonne change continuellement dans sa composition, les chefs de file, arrêtés à tout moment, étant remplacés par d'autres.

« Ce qu'elles cherchent à terre avec tant d'attention, c'est la piste de l'espèce qu'elles se préparent à attaquer, et l'odorat leur sert de guide sûr. Elles flairent le sol comme des chiens de chasse cherchant la piste du gibier, et quand elles l'ont trouvée, elles s'avancent avec impétuosité entraînant toute la colonne sur leurs pas. Les plus petits corps d'armée que j'aie observés se composaient pour le moins de quelques centaines d'individus ; mais j'en ai vu aussi d'autres quatre fois plus nombreux. Les fourmis formaient alors des colonnes de cinq mètres de long et de quinze centimètres de large.

« Après une marche qui dure quelquefois une heure entière, voici la colonne arrivée au nid de l'espèce esclave. La *formica cunicularia*, la plus forte de toutes, oppose en vain une résistance sérieuse. Les amazones forcent facilement l'entrée du nid.

« Elles reparaissent au bout d'un moment, tandis qu'en

même temps les assiégées surgissent en masse. Ce sont les larves et les nymphes qui sont l'objet principal du conflit. Les amazones cherchent à les enlever, et les autres essaient de les dérober à leurs poursuites ou du moins d'en sauver le plus grand nombre possible. Pour cela, sachant parfaitement que les amazones ne grimpent point, elles gagnent avant tout, avec leur précieuse charge, les plantes et les buissons du voisinage, où elles sont à l'abri de leurs atteintes. Puis, elles se mettent à poursuivre les ravisseurs, s'efforçant à leur tour de leur enlever le plus de butin possible. Ces derniers ne se souciant guère de rendre gorge détalent au plus vite. »

Carl Vogt a observé une expédition analogue :

« Dans le vignoble de mon jardin à Genève, écrit-il, existait une fourmilière de l'espèce nommée par Huber *amazones (Polyergus rufescens)*. Je les observais pendant les mois chauds de juin et de juillet. Le soir, entre trois et quatre heures, on voyait de petites fourmis grisâtres sortir par les trous de la fourmilière établie en terre. Puis venaient quelques fourmis plus grosses d'un rouge jaunâtre qui se laissaient caresser et flatter par les grisâtres, allaient çà et là, rentraient et sortaient. Ces dernières augmentaient bientôt et un puissant essaim se précipitait des trous avec une hâte sauvage dans une direction donnée, généralement vers les couches et les châssis du jardin ; à droite et à gauche du corps d'armée galopaient quelques fourmis en guise de patrouille et de flanqueurs.

« Les rougeâtres couraient alors avec un empressement tumultueux vers les murs où se trouvaient les nids des petites fourmis grisâtres, et se précipitaient comme un torrent dans tous les trous, toutes les fissures du mur. Çà et là paraissaient de petites fourmis grisâtres, toutes pareilles à celles que j'avais vues près du nid des amazones, fuyant avec terreur, quelquefois portant dans leurs mandibules une chrysalide (autrement dit un œuf de fourmi). Si une fourmi rouge survenait, la grise laissait tomber la chrysalide et se sauvait. Jamais je n'ai vu un combat sérieux. Quelque temps après, les rougeâtres ressortaient des trous et des fentes, portant presque toutes une chrysalide dans leurs mandibules. Celles qui n'avaient rien attrapé se hâtaient devant en éclaireurs. Celles qui étaient pesamment chargées se trainaient par derrière.

« Près de la fourmilière se tenaient des myriades d'esclaves grisâtres qui venaient alors au-devant des

Fig. 157. — Retour d'expédition.

rouges, leur prenaient les œufs pour s'en charger, ou portaient leurs maîtresses mêmes pour les rentrer à la maison. J'ai souvent vu une des esclaves grisâtres saisir une fourmi rouge de moitié plus grosse ; la maîtresse s'enroulait autour de son cou, et, tenant la chrysalide dans ses mandibules, se faisait porter dans l'intérieur de la fourmilière. De cette façon, la petite ouvrière avait certainement porté le triple de son poids.

« De ces chrysalides volées naissent des travailleuses grisâtres qui, écloses dans la fourmilière des amazones, y font tous les travaux, portent leurs maîtresses avec un attachement remarquable, les nourrissent, les caressent,

les nettoient. Il ne reste plus aux amazones d'autres travaux que la guerre... »

Chose curieuse, la troupe pillarde ne revient pas à son
nid par le plus court chemin, mais suit exactement tous
les détours qu'il lui a fallu faire dans son voyage d'explo-
ration. Chacune des fourmis de l'armée assaillante rapporte
dans ses mandibules un cocon de nymphe; quelques-unes,
n'ayant pu en trouver, se chargent du cadavre d'une petite
grise, morte courageusement victime de son devoir.

Elles se gardent bien de rapporter à leur terrier des
ouvrières adultes, qui ne se plieraient que très difficilement
à servir l'étranger, et n'auraient vraisemblablement rien
de plus pressé que de reconquérir leur liberté.

Au contraire, les jeunes fourmis qui sortent des larves
volées n'ont pas un seul instant la pensée de quitter le nid
dans lequel elles ont été transportées, et elles s'acquittent
de toute la besogne dont leurs maîtresses sont absolument
incapables.

Celles-ci ne peuvent plus guère dépenser leur activité
que dans les expéditions guerrières; ce sont des soldats
qui ne connaissent d'autre outil que leur fusil, c'est-à-dire,
dans l'espèce, que leurs mandibules.

Elles ne savent même plus manger seules; elles meurent
de faim au sein de l'abondance, et elles ne doivent de
conserver leur existence qu'aux soins perpétuels de leurs
petites esclaves, qui les alimentent avec sollicitude, et
gâtent maternellement, comme des poupons, ces maîtresses deux ou trois fois plus grosses qu'elles.

XVI

LES CARNASSIERS

Si beaucoup d'insectes nuisent aux intérêts de l'homme en dévorant ses moissons et ses fruits, en revanche un certain nombre d'espèces, de par leur estomac ennemies des premiers, nous servent puissamment par la guerre sans merci qu'ils font à tous ces ravageurs.

Ils joignent leurs utiles services à ceux des oiseaux, et ont droit à toute notre reconnaissance.

Pour éviter qu'on ne les confonde avec la funeste engeance qui nous veut du mal, nous avons cru utile de tracer les silhouettes de quelques-uns de ces auxiliaires, et l'histoire de leurs mœurs.

On reconnaîtra qu'ils méritent mieux que le brutal coup de talon qui trop souvent récompense leurs efforts si profitables aux intérêts de l'agriculteur.

Les plus habiles chasseurs, les plus ardents à la lutte, les plus courageux à l'attaque, sont à coup sûr les carabes, coléoptères élégants, montés sur de hautes pattes, et qui poursuivent par les chemins, à travers champs et prairies, tous les gibiers appropriés à leur taille.

On ne les rencontre que très rarement pendant le jour; beaucoup évitent la lumière, et se cachent sous les pierres, ou sous les touffes d'herbe, ou parmi les mottes de terre, ou dans quelque trou de mulot.

Quand vient le soir, ils commencent à sortir de leur retraite, et par les tièdes crépuscules d'été on peut les voir déambulant, de toute la vélocité de leurs longues jambes, sur les sentiers, les allées des jardins, tout le long des lisières des bois.

Le plus connu des carabes est assurément le carabe doré, magnifique insecte long de trois centimètres, reconnais-

Fig. 158. — Carabe dévorant un ver.

sable à sa belle couleur d'un vert cuivreux brillant, et aux trois côtes en relief qui ornent chacun de ses élytres.

Les autres espèces du même genre lui ressemblent plus ou moins par leur forme extérieure, mais en diffèrent soit par la coloration, soit surtout par les dessins des élytres, qui tantôt se réduisent à des séries de points élevés, réunis en chaînettes, tantôt forment de fines stries longitudinales très rapprochées.

Le plus gros carabe de nos pays est le procuste chagriné, à la livrée toute noire, avec des élytres chargés de lignes sinueuses qui se réunissent en un réseau irrégulier.

Il se tient surtout dans les jardins un peu humides, et

dans les bois où la basse végétation est assez dense pour lui offrir un abri sûr et un gibier abondant.

Pour ne devoir, en général, leur triomphe sur leurs adversaires qu'à la force dont ils sont doués, les carabes ne sont pas cependant incapables de ruser à l'occasion, et de faire preuve d'une certaine intelligence.

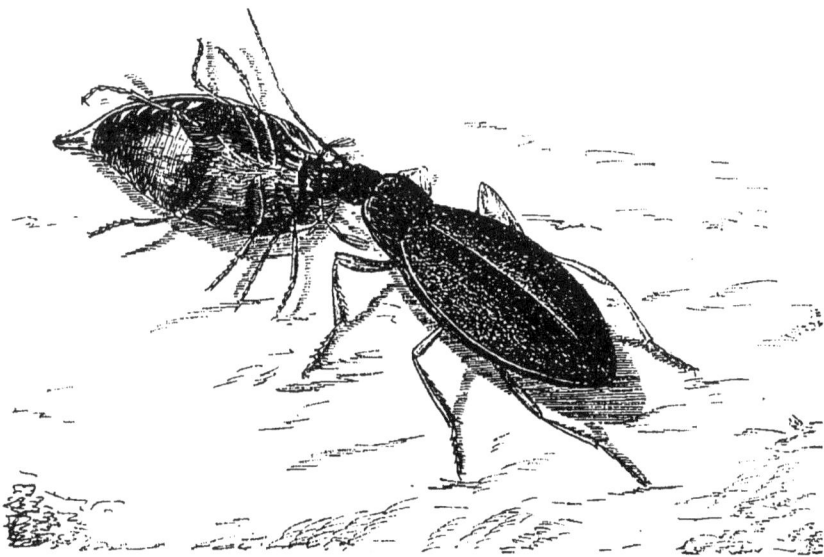

Fig. 159. — Procruste dévorant un hanneton.

Klingelhoffer, de Darmstadt, raconte à ce sujet un fait très intéressant :

« Dans mon jardin, près d'un banc sur lequel je m'étais assis, un hanneton était étendu sur son dos, et faisait de vains efforts pour se relever. Surgit du bosquet voisin un carabe ; il s'élance et la lutte s'engage ; pendant cinq minutes, malgré les plus grands efforts, il ne peut s'en rendre maître. Il lutte encore, et finit par se convaincre de l'inutilité de son attaque ; il déserte alors la place pour regagner son gîte et attendre une occasion plus favorable. Quelques moments s'écoulent, et notre carabe apparaît de nouveau, mais suivi d'un compagnon, et tous deux,

associés, recommençant la lutte, terrassent le hanneton,
s'en rendent maîtres, et l'emportent dans leur retraite,
pour lui dévorer les entrailles. »

L'union fait la force !

La cicindèle, parente des carabes, est, elle aussi, un
chasseur infatigable, capable de poursuivre à la course
les plus agiles insectes, car elle a trois paires de pattes
longues et grêles qui font merveilleusement leur office.

Fig. 160. — La Cicindèle.

Quand la proie est capturée, et qu'il ne s'agit plus que
de la dépecer, l'ouvrage est rapidement mené à bien, grâce
à des mandibules crochues, aiguës, de dimensions impo-
santes et particulièrement robustes.

C'est d'ailleurs un très élégant insecte, portant habit
d'un beau vert mat, avec six points blancs sur chaque
élytre, et des pattes d'un rouge cuivreux qui brillent au
soleil.

Il est malaisé de la capturer, car elle a des ailes sous ses

élytres, et à chaque tentative que l'on fait pour s'approcher, elle prend son vol et va s'abattre un peu plus loin.
Elle répète ce manège tant qu'on s'obstine à la poursuivre.

Ce qu'il y a de curieux, c'est qu'en se débattant entre les
doigts enfin parvenus à la saisir, la cicindèle laisse suinter

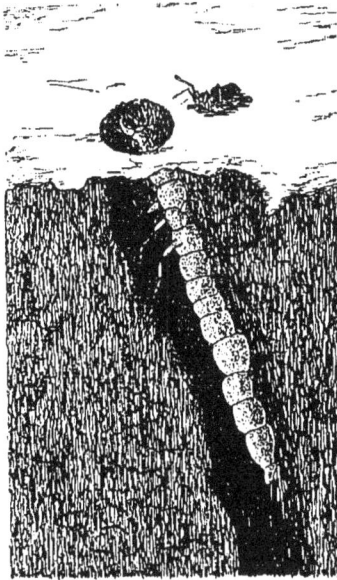

Fig. 161. — Larve de Cicindèle dans son terrier.

un liquide très volatil, qui répand un délicat et agréable
parfum de rose.

Sa larve est tout aussi carnassière, et comme elle est
mal douée au point de vue de l'agilité, elle a recours à la
ruse pour se procurer du gibier.

Dans les endroits sablonneux qu'elle habite, elle se
creuse, jusqu'à une profondeur qui parfois atteint cin-
quante centimètres, une galerie large comme un tuyau de
plume, et à l'intérieur de laquelle elle se déplace ainsi
qu'un ramoneur dans une cheminée.

Quand elle se sent en appétit, elle vient se mettre à
l'affût à l'orifice de son trou, fermant sa galerie avec sa

large tête, attendant qu'un insecte s'engage sur le pont trompeur.

Voici une fourmi, un petit coléoptère, qui, ne devinant pas le danger, franchit, croyant toujours trouver le sol ferme, la lèvre du tube. Aussitôt la rusée larve s'affaisse sur elle-même, la victime fait une fatale culbute, et se trouve entraînée jusqu'au fond du repaire, où le brigand la dévore à l'aise.

La cicindèle n'est pas le seul insecte dont la larve sache ainsi suppléer par la ruse à l'agilité qui lui manque. Le fourmi-lion aussi a le talent de creuser des terriers, où sont précipitées de menues bestioles qui n'en sortent plus vivantes.

Adulte, le fourmi-lion est un élégant névroptère, analogue à nos demoiselles, avec un corps effilé, des ailes de gaze parcourues par un réseau de fines nervures, des antennes qui se renflent légèrement vers l'extrémité.

A l'état de larve, c'est une sorte de ver disgracieux, velu, muni de six pattes et de deux robustes mandibules recourbées en crochet, et formant une pince.

Sur une pente saillante, à l'abri d'une racine d'arbre, en terrain sablonneux, la larve établit son terrier, minuscule cratère de volcan, évasé comme un entonnoir, et au fond duquel elle se tapit, les pinces dressées, attendant le gibier.

Pour creuser son cratère, le fourmi-lion travaille à reculons. Il commence par tracer un sillon circulaire, dont le diamètre est en rapport avec ses propres dimensions, et dont la marge extérieure limite son futur domaine.

En décrivant ce cercle, l'insecte rejette au centre les matériaux qu'il arrache, grain à grain, et ainsi se forme un cône sablonneux, qui va servir de base à une nouvelle manœuvre. Appuyé sur ce cône, exactement au milieu du premier cercle tracé, le fourmi-lion enfonce son abdomen dans le sable ; puis il se met à tourner, et s'enfonce de plus en plus, creusant le sol comme avec une vrille.

A mesure qu'il pénètre plus avant, s'aidant de ses pattes antérieures, il porte le sable sur sa tête élargie en forme de pelle, et le rejette ainsi en dehors du cercle.

Son travail est à ce point actif, ses mouvements tellement précipités que le jet de sable est incessant, et que la fine poussière projetée n'interrompt pas un seul instant sa parabole.

Le cône central s'enfonce en même temps qu'il s'étend, et cache la larve mineuse qui se trouve enfouie, au fond

Fig. 162. — Larve du Fourmi-Lion.

de son entonnoir, jusqu'aux pinces,... mais jusqu'aux pinces seulement.

Les grains de sable trop gros sont rejetés isolément; les graviers, fardeau bien lourd pour le minuscule travailleur, sont transportés au dehors, et au prix de quels efforts !

L'entonnoir d'une larve qui a atteint toute sa taille peut mesurer cinq centimètres de profondeur, et environ sept centimètres de diamètre.

Tapi au fond de sa retraite, le fourmi-lion attend qu'un

insecte, une fourmi, pose la patte sur le bord du gouffre ; aussitôt il fait jaillir une véritable pluie de sable, qui étourdit la bestiole et la précipite au fond du repaire.

Quelquefois le carnassier a fort à faire avant de pouvoir s'emparer de son gibier. La fourmi n'oppose pas de résistance sérieuse, mais une forte chenille ou une araignée sont de taille à se défendre, et échappent parfois à ses mandibules.

Le naturaliste Bonnet a relaté à ce propos un fait qui montre à la fois l'obstination, la ténacité du fourmi-lion, et le dévouement maternel de l'araignée.

Une lycose à sac, une de ces araignées-loups qui traversent les chemins en sautant de côté, et qu'on voit au printemps traînant leurs cocons pleins d'œufs, boules soyeuses attachées à leurs filières, avait été précipitée dans l'entonnoir d'un fourmi-lion.

L'araignée tenta l'escalade, mais la larve put s'emparer du cocon avant qu'elle ne fût complètement sortie du trou. Chacun des adversaires se disputa le trésor. L'un tirait en bas, l'autre en haut. A la fin, le sac se rompit.

Mais l'araignée ne quitta point la place. Privée de ses chers œufs, l'excellente mère ne tenait plus à la vie, et Bonnet dut l'enlever du trou où elle aurait été inévitablement dévorée à son tour par le fourmi-lion.

N'oubliez pas que les bêtes les plus disgraciées, les plus cruelles aussi, sont des créatures de Dieu, qu'elles peuvent être bonnes sous les dehors les plus hideux ; — témoins les araignées.

Les hémérobies sont de délicats névroptères aux yeux d'or, aux antennes fines comme des soies, aux ailes diaphanes, semblables à une très mince pellicule et parcourues par un réseau de nervures vertes.

Il serait difficile d'imaginer forme plus grêle, structure plus fragile. Et cependant les larves de ces bestioles sans consistance, très analogues d'aspect à celle du fourmi-lion, se nourrissent de proie vivante, ont comme cet insecte des appétits carnassiers, auxquels elles donnent satisfaction aux dépens des pucerons.

L'histoire de ces menues demoiselles vertes présente un fait curieux, et ce fait, c'est la manière dont elles déposent leurs œufs sur les feuilles ou les troncs d'arbres.

La mère qui sent arriver le moment de la ponte com-

Fig. 163. — Hémérobie. — Ses œufs sur une feuille.

mence par appuyer l'extrémité de son abdomen sur l'écorce, ou sur l'épiderme de la feuille.

Puis, elle le relève aussi haut que possible, en même temps que s'étire un fil très fin au sommet duquel est fixé l'œuf, qui apparaît ainsi comme un champignon porté sur un long pied.

La mouche-scorpion, ou panorpe, névroptère aux formes étranges, dont la tête est munie d'une trompe et dont l'abdomen se recourbe en dessus et se termine par une pince, voltige pendant une grande partie de l'année dans les bois.

Et ce n'est pas sans quelque frayeur que les personnes qui ne la connaissent pas la voient s'envoler des buissons, craignant sans doute une piqûre douloureuse ou venimeuse.

La panorpe ne mérite pas tant de répulsion. Elle est parfaitement inoffensive pour nous, et tout au plus peut-on lui reprocher de laisser écouler par la bouche, quand on la saisit, une liqueur fétide.

Ce qui ne l'empêche pas de se-

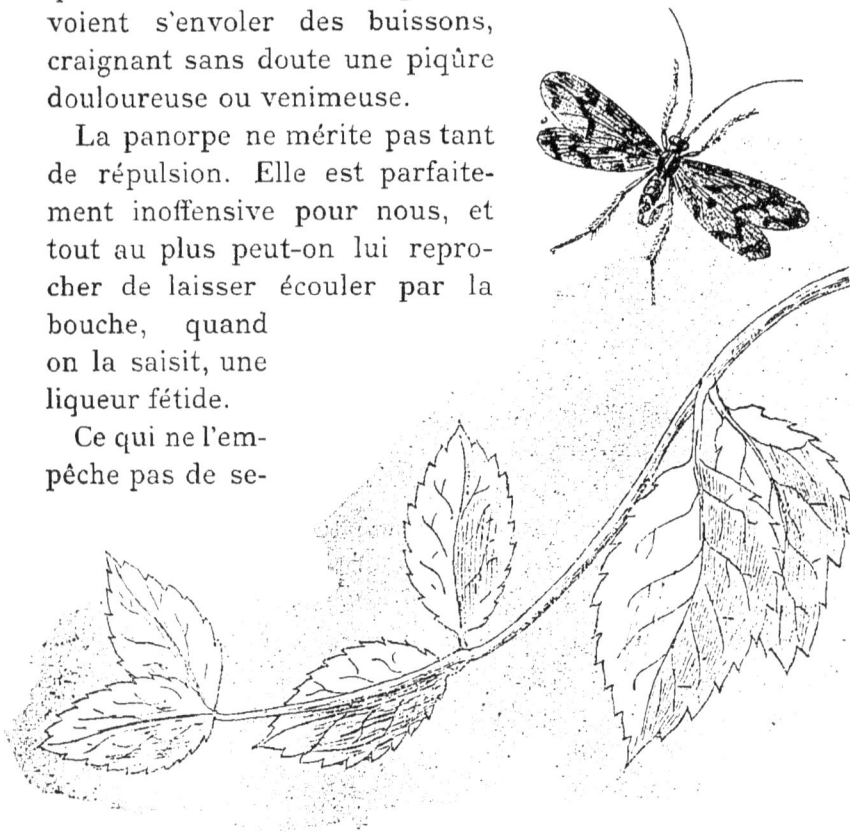

Fig. 164. — La Panorpe.

mer le carnage parmi la gent insecte, dont elle est la terreur.

C'est en effet un infatigable chasseur de proie vivante, et elle ne craint pas quelquefois de s'attaquer à des libellules bien plus grosses qu'elle, qui sont terrassées après une lutte plus ou moins longue, et qu'elle suce à loisir après les avoir rendues incapables de résister.

Nous avons déjà lié connaissance avec la mante reli-
gieuse au chapitre du mimétisme ; nous n'avons donc plus
à la présenter à nos lecteurs.

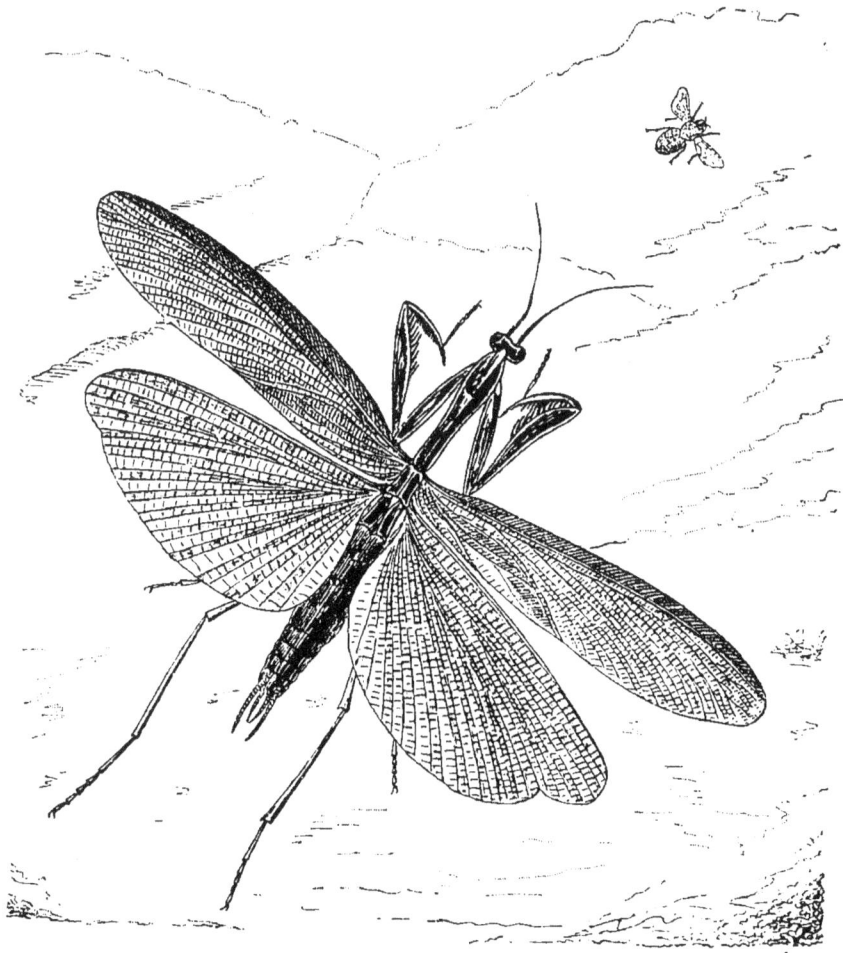

Fig. 165. — La Mante poursuivant un insecte.

Mais il est un aspect sous lequel ils ne la connaissent
sans doute pas. La mante n'est pas, en effet, cet oracle
bienveillant de la légende qui, en étendant sa patte, indi-
quait leur route aux enfants égarés.

C'est tout simplement un vulgaire brigand, qui profite
de son habit couleur de feuille pour faire la guerre aux

19

mouches, et à tout autre menu gibier avec lequel il se sent de taille à se mesurer.

Dissimulée dans un buisson, la mante guette sa proie avec une patience de chat, et comme le sournois félin, elle sait s'avancer à petits pas, en rampant, pour s'élancer juste au bon moment.

La voracité des mantes est véritablement insatiable : si on en enferme plusieurs dans une cage, la plus forte livre bataille aux autres, et les dévore à tour de rôle.

Un certain nombre de diptères, généralement de taille assez grande, ont une trompe bien développée, construite pour percer l'épiderme et sucer le sang.

Fig. 166. — Taon des bœufs.

Ces mouches, robustes, aux mouvements impétueux, à l'attaque brusque, sont des brigands indépendants, qui aiment la liberté, poursuivent ouvertement leur proie, et ne s'attachent à leurs victimes que le temps nécessaire pour assouvir leur appétit.

Les plus communs et les plus insupportables de ces buveurs de sang sont les taons, dont une espèce, le taon des bœufs, martyrise littéralement, par les temps chauds et orageux, les chevaux et les bœufs.

Contre les multiples lancettes qui lui déchirent le cuir, l'animal attaqué ne peut rien ; c'est en vain qu'il écume de rage ; ses ruades et ses coups de queue ne sauraient atteindre l'insatiable ennemi qui pompe son sang tran-

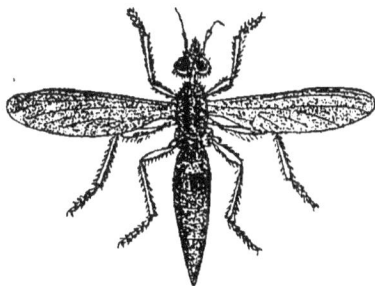

Fig. 167. — Asile frelon.

quillement, nullement troublé par l'exaspération qu'il provoque.

Les asiliens ont, d'une manière générale, des mœurs analogues à celles des taons ; mais, au lieu de s'attaquer aux animaux à sang chaud, ils se gorgent exclusivement du sang des insectes.

Ils ont le corps ordinairement allongé et grêle ; leurs pattes robustes retiennent la proie saisie au moyen de deux lobules placés entre les ongles ; leur trompe est recouverte d'une épaisse moustache.

Les plus robustes de ces mouches de proie sont les asiles, chasseurs intrépides qui poursuivent le gibier au vol, et n'hésitent pas à s'attaquer à des insectes aussi forts qu'eux.

Ces mouches sont d'une extraordinaire voracité ; elles s'attaquent souvent entre elles, les plus faibles devenant la proie des plus fortes ; les femelles, comme il arrive chez les mantes et les **araignées**, tuent parfois les mâles pour s'en nourrir.

Il paraît que la dioctrie œlandique, espèce alliée aux asiles, possède dans sa trompe une arme assez efficace

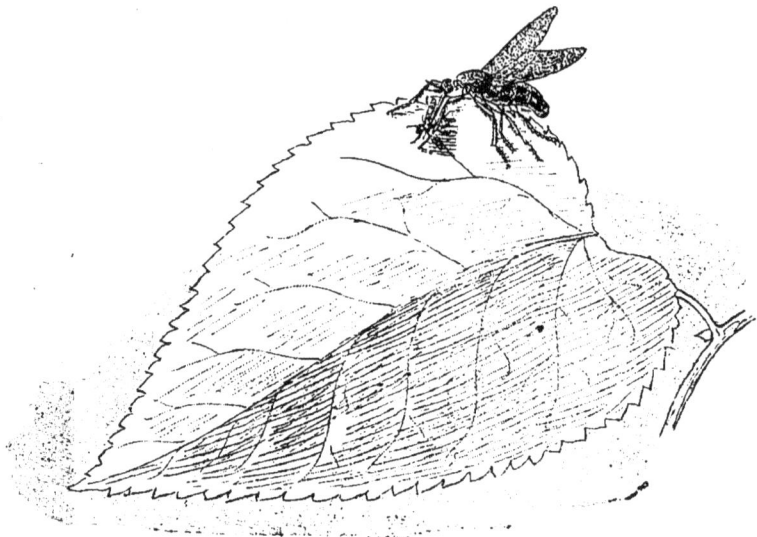

Fig. 168. — Empis attaquant une mouche.

pour pouvoir s'attaquer aux araignées, vengeant ainsi tout l'ordre des diptères que dévore sans pitié la hideuse bête.

A l'état parfait, les syrphes sont des mouches à couleur foncière rouge, jaune ou noire, paresseuses, inactives, lourdes par les jours brumeux et humides, assez vives et bourdonnantes, au contraire, quand le soleil luit.

Ils ont l'habitude de planer, puis de s'abattre brusquement sur une fleur ou une feuille, pour s'envoler aussitôt et recommencer le même manège.

Les larves de ces mouches, qui de ce chef ont droit au **respect** de tous les horticulteurs, sèment le carnage parmi les pucerons, dont elles font leur nourriture principale,

tout en se réservant le droit de sucer, par-ci par-là, les
chenilles qui leur tombent... sous la trompe.

On les voit en été, comme de petites sangsues vertes ou
grises, se promener à tâtons, car elles n'ont point d'yeux,
ur les plantes où sont parquées des colonies de pucerons.

Les aphidiens, voués sans défense à une mort fatale,
mais heureusement inconscients du sort qui les attend,

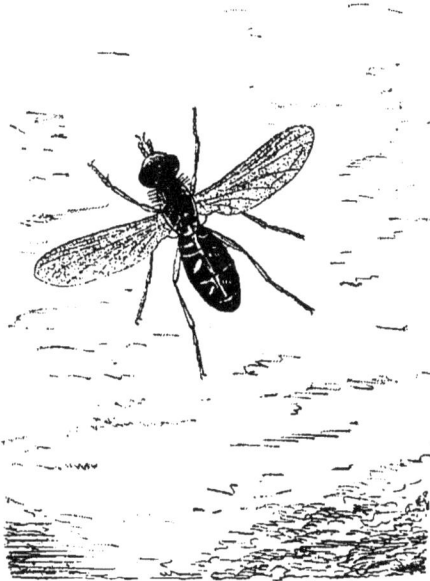

Fig. 169. — Syrphe.

se gorgent de sève, le rostre implanté dans l'épiderme de
la plante nourricière, et parmi eux s'agite la redoutable
larve.

Celle-ci les saisit l'un après l'autre, les perce, aspire
les sucs de leur corps, et abandonne leurs dépouilles
vides.

Quand la larve a atteint tout son développement, et
qu'elle est près de se transformer, elle peut facilement dévorer une trentaine de pucerons dans un seul repas, et elle
ne voit aucun inconvénient à répéter plusieurs fois dans la
même journée ce colossal festin.

Pour se déplacer, les larves des syrphes, qui n'ont pas de pattes, fixent d'abord la partie postérieure de leur corps à l'aide de petites saillies charnues semblables à des verrues, puis elles s'étirent, s'allongent, appliquent contre la tige ou la feuille leur partie antérieure qui y adhère,

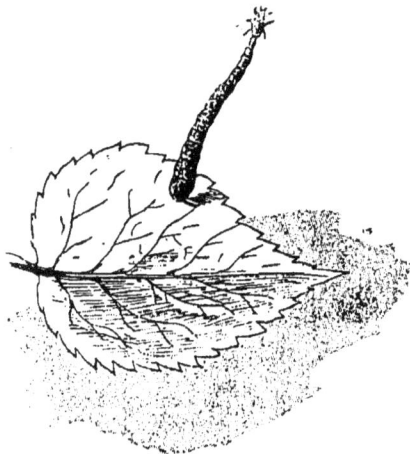

Fig. 170. — Larve de Syrphe dévorant un puceron.

détachent leur arrière-corps, et progressent ainsi par une sorte de reptation.

Leur bouche comprend deux crochets écailleux limitant un plateau corné qui supporte trois pointes. Lorsqu'elles ont saisi un puceron, elles l'élèvent en l'air, percent son épiderme à l'aide des pointes de leur plateau; la trompe se remplit d'une partie de la substance liquide de la victime, déverse son contenu dans l'œsophage, et recommence cette opération, se livrant à ce mouvement de va-et-vient jusqu'à ce que le puceron n'ait plus rien à céder.

Un grand nombre d'espèces, appartenant à ces classes d'êtres analogues par l'aspect extérieur aux insectes, articulés comme eux et munis de membres segmentés, mais qui ne peuvent se dire citoyens de cette vaste république pour le motif que leurs pattes dépassent en nombre la

mesure réglementaire, témoignent aussi d'instincts carnassiers, et contribuent à maintenir dans une sage limite
la multiplication des menues bestioles malfaisantes.

Fig. 171. — Mygale, araignée assez forte pour tuer les petits oiseaux.

Tels les crustacés, les crabes, les écrevisses, les lan-
goustes, [les homards, et une quantité d'autres espèces
moins connues, qui se sont constitués les nettoyeurs des
plages, et qui, en réservant leur prédilection pour la chair
morte, ne dédaignent point la chair vivante.

Telles encore et surtout les araignées, troupe immense
de chasseurs impitoyables, dont on rencontre partout les

nombreux représentants, habiles à tendre leurs pièges ou à poursuivre le gibier dont elles vivent.

Peu de personnes osent étudier de près les mœurs de ces disgracieux brigands, dont les crochets venimeux semblent une menace permanente, et dont le corps velu, avec ses longues pattes grêles et son volumineux abdomen, n'est pas sans inspirer quelque répugnance.

Et cependant, si l'on surmonte ce légitime sentiment de répulsion, que de merveilles à contempler dans ce petit monde, quelle intensité de vie, quelle ingéniosité, quels travaux difficiles et délicats sous cette apparente obscurité !

On trouve des araignées partout. Quelques espèces se plaisent dans les coins sombres de nos maisons, où elles font à la mouche domestique une guerre sans merci. D'autres, plus sauvages ou mieux inspirées, montrent à l'endroit de l'espèce humaine une invincible défiance. Ainsi l'agélène à labyrinthe, rurale à qui font peur les murs gris des cités, et qui, amie de l'espace, du grand air et de la liberté, se plaît aux talus arides des chemins ou aux clairières ensoleillées des bois.

C'est là qu'elle établit sa toile, réunissant pour la construire, avec de nombreux fils entrecroisés, les extrémités des herbes voisines du point où elle veut s'établir. Cette toile, une fois achevée, constitue un soyeux hamac, présentant à l'extérieur une surface considérable, et se rétrécissant insensiblement pour former un tube au fond duquel l'araignée se tient, ses huit yeux brillant comme des diamants dans l'obscurité de son repaire.

Il en est, comme les épeires, qui, au lieu de tisser une toile feutrée, établissent, dans l'écartement de deux arbres ou de deux branches reliés par des câbles microscopiques, un vaste réseau géométrique, fait de rayons divergeant d'un centre et auxquels s'attache un fil décrivant une spirale.

Ce piège arrête au passage les moucherons, dont l'épeire se nourrit.

D'autres, comme les mygales, creusent des terriers. D'autres enfin, inhabiles à tendre des embuscades, et ne pouvant escompter l'aubaine d'un gibier tombant imprudemment sous leurs pinces, sont obligées de se mettre en chasse ; celles-là, pour se procurer la proie vivante nécessaire à leur nourriture, usent plus de force que de ruse.

Telles sont les lycoses, araignées toujours faciles à reconnaître à leur allure saccadée, à leurs mouvements

Fig. 172. — Lycose traînant son sac d'œufs (grossie trois fois).

brusques, à ce point précipités, dans la fuite ou l'attaque, que leur corps semble projeté en avant par une série de culbutes.

Les lycoses sont essentiellement vagabondes. Elles ne savent pas tisser de toile. Ce sont des nomades sans patrie, à qui l'instinct du logis fait complètement défaut, qui campent chaque soir dans un gîte d'emprunt, échouant sous une feuille ou dans un trou au hasard de leurs pérégrinations.

Pendant tout l'été, ces araignées abondent sur les chemins, au bord des fossés, dans les marécages, le long des talus herbeux qui bordent les routes.

Elles sont très courageuses dans leurs attaques, et ne craignent pas de se mesurer avec des insectes plus gros qu'elles.

Il est vrai qu'elles sont bien outillées pour vaincre, et qu'elles peuvent compter sur leurs crochets comme sur une arme absolument sûre. Mais si la victoire en définitive doit leur rester, il n'en faut pas moins leur accorder quelque énergie quand on les voit se jeter sur de grosses mouches qui mettent bien quelques minutes à mourir, et qui, à la première démonstration hostile, s'envolent, tourbillonnent impétueusement, emportant la petite lycose qu ne lâche pas prise, et demeure cramponnée par ses pinces.

Ces instincts cruels, qui d'ailleurs ne sont point son fait, et qu'il faut imputer à l'impérieuse nécessité où sont tous les êtres de satisfaire aux exigences de leur estomac, la lycose les rachète par la sollicitude maternelle dont elle entoure ses œufs et ses petits.

Elle a d'autant plus de mérite à être bonne mère que son existence aventureuse lui rend cette tâche plus difficile.

En effet, pour ces nomades qui n'ont ni feu ni lieu, qui jamais ne s'abritent deux fois sous la même feuille, qui sans cesse voyagent, n'ayant d'autre but que de chercher proie à leur convenance, surveiller un cocon devient un problème compliqué.

Incapables de garder l'immobilité requise, elles tournent la difficulté en emportant avec elles leur cocon dans leurs voyages ; elles le fixent solidement à leurs filières, et la petite boule les suit partout, sans que ce fardeau paraisse les incommoder.

Lorsque la lycose a pondu ses œufs, elle les groupe en un petit tas sphérique et les agglomère à l'aide d'une sorte de bourre feutrée, très lâche ; autour de cette bourre, elle tisse une enveloppe plus consistante.

Il en résulte un sac sensiblement globuleux, que la lycose fixe à l'extrémité de son abdomen, et qu'elle entraîne partout avec elle, lui évitant avec soin les heurts de la route, et le défendant comme son bien le plus cher contre tout adversaire qui tenterait de le lui ravir.

Jamais elle ne l'abandonne ; elle l'emporte à la chasse, mais se garde d'attaquer les insectes trop gros qui, en se défendant, pourraient causer quelque dommage au précieux cocon.

Si on la poursuit, elle s'enfuit aussi vite que le lui permet le poids supplémentaire qu'il lui faut traîner. Lorsqu'on parvient à lui arracher son cocon, elle s'arrête immédiatement, revient sur la main coupable du larcin, tourne autour des doigts ravisseurs, témoigne sa colère par des bonds saccadés, tenaille avec violence l'enveloppe du cocon pour tâcher de l'attirer à elle et de le reprendre. Si le cocon est détruit, l'excellente mère, n'ayant plus aucun motif de vivre, cesse cette fois son activité, se retire dans quelque trou et se laisse mourir de faim.

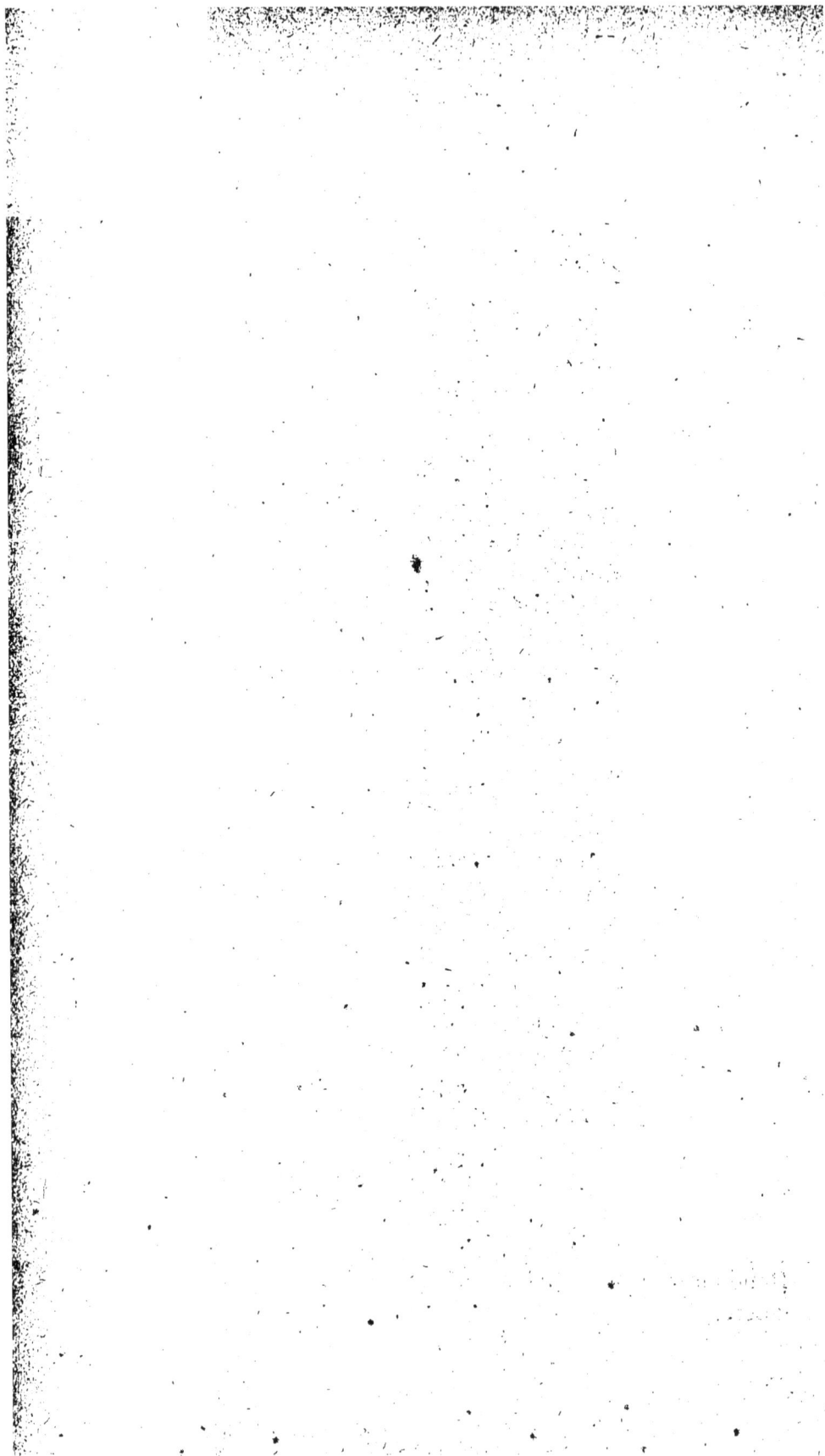

XVII

LES COMMENSAUX

Semblables aux parasites antiques qui assiégeaient, à l'heure des repas, la salle à manger de leur riche patron, et qui s'en remettaient à lui du soin de pourvoir à leur nourriture, un certain nombre d'animaux se débarrassent du souci de chasser pour leur propre compte, et, de gré ou de force, prélèvent une part sur le butin conquis par d'autres, mieux outillés ou plus forts.

Ce mode de vie très complexe, qu'on appelle le commensalisme, se rencontre à tous les degrés de l'échelle zoologique. Son fait dominant, l'exploitation du travail d'autrui, revêt une innombrable quantité de formes, de nuances.

D'une manière générale, les commensaux sont les mendiants du règne animal ; mais la cause de cette mendicité et le genre de services réclamés sont très variables.

Pour les uns, le but poursuivi est uniquement de se faire véhiculer aux lieux où ils doivent trouver des vivres. Les autres affectent la prétention tenace, vis-à-vis de leurs hôtes, de partager toute aubaine. D'autres encore apportent à l'association l'appoint respectif de leur habileté spéciale, de telle manière que le travail se fait en commun et profite également aux collaborateurs.

Ceux-là sont les mutualistes. Ils mettent en pratique, sous une forme ou sous une autre, l'apologue de l'aveugle et du paralytique.

Rendons-leur cette justice qu'ils sont à la fois sages et honnêtes.

Il faut bien avouer cependant que les bonnes relations des deux associés ne sont pas constamment exemptes de tout nuage. De part et d'autre, il y a des défauts, des susceptibilités de caractère, qui compromettent parfois l'harmonie.

Mais les exigences de l'estomac font taire les querelles, et la faim rétablit la concorde.

Les cas de commensalisme rencontrés jusqu'à ce jour dans la classe des insectes sont très nombreux; quelques-uns cependant sont encore plus hypothétiques que démontrés.

Les fourmis pratiquent volontiers ce genre d'hospitalité intéressée, et nous les avons vues, par exemple, entourer de toute leur sollicitude les pucerons, desquels elles réclament en échange une gouttelette de nectar.

En dehors des pucerons, les nids des fourmis sont le refuge de toute une faune variée de commensaux, dits pour ce motif myrmécophiles, qui se font héberger et souvent nourrir, sans qu'on soit encore absolument fixé sur le genre de services qu'ils rendent à leurs hôtes pour payer leur loyer.

On sait cependant que quelques-uns, notamment des acariens, entendent profiter gratuitement de l'abri qui leur est sinon offert, du moins accordé ; et plusieurs poussent même l'ingratitude jusqu'à vivre aux dépens des fourmis en véritables parasites, accolés à leurs flancs et suçant, à travers l'épiderme, les liquides de leur corps.

Beaucoup de personnes considèrent comme de vrais parasites, dignes de toute réprobation, les ricins, insectes qui s'installent dans la fourrure des mammifères ou dans le duvet des oiseaux, et qui présentent d'une manière générale la physionomie extérieure des poux.

Or, c'est là une calomnie dont nous devons justifier ces petits êtres.

A l'inverse des poux, engeance malfaisante, les ricins

n'ont pas les pièces buccales conformées en bec ; ils sont simplement munis de deux petites mandibules écailleuses, avec lesquelles ils détachent les pellicules et les menus débris de l'épiderme de leur hôte.

Ils n'en veulent aucunement à son sang ; l'examen de leur tube digestif l'a toujours montré, en effet, rempli de petits fragments de peau ; jamais on n'y a trouvé le moindre caillot.

Les ricins ont intérêt à vivre parmi les poils des animaux, puisque c'est là qu'ils peuvent se procurer leur nourriture, mais en même temps, ils rendent service aux espèces qui les hébergent, en débarrassant la peau des débris squameux qui en obstruent les pores et en entravent les fonctions.

Certains commensaux ne demandent même pas à leur associé de les alimenter, mais tout simplement de les transporter aux endroits où ils trouveront table servie et mets à leur goût. Tel, le gamase des coléoptères, acarien bien connu de tous, qui se cramponne à l'abdomen et au thorax des scarabées stercoraires, et qu'on rencontre quelquefois aussi sur des hyménoptères, sur les gros bourdons, par exemple.

Tous les amateurs d'insectes ont rencontré ce pou à huit pattes sur les géotrupes, qui en portent parfois une véritable légion, grouillant entre leurs articulations.

Il faut reconnaître d'ailleurs que le scarabée ne paraît pas incommodé par la présence des gamases. Et ceux-ci, en effet, ne songent nullement à l'attaquer ; il n'est pour eux qu'un véhicule commode qui les porte sans fatigue aux endroits où l'on trouve les détritus, de nature plutôt malpropre, dont ils font, comme lui, leur nourriture.

Les exemples les plus curieux de commensalisme se rencontrent chez les crustacés, qui sont, comme nous l'avons dit plusieurs fois, très proches parents des insectes, lesquels ne s'en distinguent strictement que par le nombre de leurs pattes, constamment limité à six.

On trouve sur nos côtes maritimes des crustacés assez

singuliers, analogues d'aspect à de petits homards, et qu'on nomme scientifiquement des *pagures,* vulgairement des *bernards-l'hermite.* La partie antérieure de leur corps est bien recouverte de la carapace dure et calcaire qui caractérise tous les représentants de la famille ; mais leur abdomen n'est protégé que par un épiderme mince, mou, qui se défendrait mal contre les armes des ennemis ou le choc des galets.

Grâce à l'instinct admirable qui lui a été départi, le pagure sait suppléer à ce défaut de son organisation : la cuirasse abdominale lui fait défaut, il la remplace par une coquille vide de mollusque, le plus souvent de buccin, dans laquelle il introduit la partie postérieure de son corps.

Lorsqu'ils ont besoin d'une coquille et qu'ils en rencontrent une, les pagures s'en emparent sans plus de façon si elle est vide. Si elle est habitée, et que le légitime propriétaire songe à faire valoir ses droits, l'expropriation s'impose, et elle est vite accomplie, de par le droit du plus fort : juge et partie dans le débat, le crustacé éteint d'avance toute contestation en dévorant le mollusque.

Il peut arriver que le brigand ait à perpétrer plusieurs fois pareil meurtre au cours de son existence ; car, à chaque fois qu'une nouvelle mue vient accroître les dimensions de son corps, il est obligé de se chercher une maison plus grande. Rien n'est intéressant comme d'observer alors ses efforts pour trouver logis à sa taille, pour essayer successivement les coquilles qu'il rencontre, sans toutefois perdre de vue celle qu'il quitte et où il se réfugie à la moindre alerte.

Lorsque ses recherches ont abouti, et qu'il a trouvé une maison convenable, il s'y introduit, et s'y cramponne si fortement à l'aide des courtes pattes dont est muni son abdomen, qu'il est impossible de le déloger ; il se laisse mettre en pièces plutôt que de lâcher prise.

Dans la coquille où se tient le pagure s'abritent en même temps que lui des vers et d'autres crustacés, cherchant à

partager la proie conquise par leur voisin mieux outillé.
Et certes, celui-ci, défendu par son abri calcaire et par la
carapace qui recouvre ses pattes et ses pinces, peut se
mesurer avec les plus robustes adversaires. Sans compter
qu'il bénéficie de la réputation d'innocence du mollusque
dont il a pris la place, et que le gibier qu'il convoite laisse
sans défiance s'avancer jusqu'à lui cette coquille qu'il ne
redoute pas. Le bernard-l'hermite promène très souvent

Fig. 173. — Pagure portant sur sa coquille une anémone de mer.

sur sa maison d'emprunt une anémone de mer, une actinie,
qui choisit cet emplacement, non seulement pour se faire
véhiculer, mais encore pour profiter des débris de la table
du crustacé. Son orifice buccal est toujours tourné du
même côté que celui du pagure, et ce qui est perdu pour
l'un n'est pas perdu pour l'autre. L'association est d'ailleurs
à bénéfice commun, car la présence de l'actinie contribue à
masquer encore la coquille et à rendre ainsi la chasse plus
facile.

Le pagure de Prideaux, qui habite plus spécialement les
côtes de la Manche, porte d'ordinaire sur le dos de sa

coquille une autre anémone, la sagartie parasite, élégamment variée de rouge et de blanc.

Il est vraisemblable que les deux animaux ont des intérêts communs qui sont mieux défendus par le fait de leur association, car l'harmonie la plus complète ne cesse de régner entre eux.

Le bénéfice de l'actinie paraît assez évident, les mouvements du crustacé ne pouvant manquer d'amener jusqu'à son orifice buccal copieuse provision de particules alimentaires, à la faveur du déplacement d'eau qu'ils déterminent.

Quant au pagure, on suppose qu'il échappe ainsi plus facilement à la vue des ennemis capables de lui chercher une mauvaise querelle, et dont l'attention se trouve détournée par les brillantes couleurs de l'anémone.

Quoi qu'il en soit, le crustacé entoure sa compagne des soins les plus attentifs ; il veille à ce qu'elle n'ait pas faim, et quand vient le critique moment du déménagement, il la détache avec les plus grandes précautions pour la transporter sur sa nouvelle coquille ; il ne s'y installe d'ailleurs qu'autant que l'actinie la trouve également à son goût, et il la consulte très visiblement.

Il semble d'ailleurs que tous les représentants de ce groupe des crustacés décapodes, auquel appartiennent, outre les pagures, les crabes et autres *araignées de mer*, éprouvent l'instinctif besoin de porter sur leur dos quelque corps étranger, dans le but très évident d'échapper à la vue de leurs ennemis. Le *maia squinade*, par exemple, à la carapace épineuse, est presque toujours couvert d'une épaisse toison d'algues, qui lui permet de se dissimuler parmi les plantes marines. Quand ces algues sont trop longues, le crustacé en arrache une partie avec ses pattes, de manière à ne laisser que les jeunes filaments qui lui feront en peu de temps un revêtement nouveau.

La *dromie vulgaire* promène souvent sur son dos, soit un morceau de varech, soit une éponge qu'elle retient avec ses pattes postérieures, et qui la cache aux regards.

Il semble d'ailleurs que ce crustacé ait absolument besoin d'un habit, — quel qu'il soit. Au laboratoire de Concarneau, on avait, il y a quelques années, donné à un de ces crabes, enfermé dans un aquarium, un petit manteau de drap blanc aux armes de Bretagne qu'il endossait consciencieusement.

Il y a des crustacés qui poussent jusqu'à l'exagération la précaution du pagure, et qui insinuent, non pas seulement leur abdomen, mais leur corps tout entier, dans une coquille de mollusque. Il est vrai qu'ils n'en dévorent pas préalablement l'habitant, avec lequel ils entretiennent au contraire des relations de bon voisinage, ne lui demandant rien autre chose que le logement.

C'est dans cette catégorie de commensaux qu'il faut ranger le *pinnothère Pois*, crabe mignon et délicat, à la carapace molle, à la taille exiguë, qu'on trouve fréquemment dans les moules, et qui fréquente aussi les huîtres.

Quiconque a mangé des moules a vu cette petite *araignée de mer*, dissimulée dans les replis du manteau, et qu'on a accusée de tous les accidents qui résultent de l'intoxication par ce mollusque.

On a tort cependant, disons-le entre parenthèses, d'accuser le pinnothère de ces méfaits posthumes, dont toute la responsabilité incombe aux moules elles-mêmes.

Pendant sa vie, il cherche tout simplement, dans la coquille du mollusque, un abri et une embuscade.

Les valves s'ouvrent précisément au moment où le gibier s'en approche sans défiance, et du coquillage en apparence inoffensif sort brusquement un chasseur agile, bien outillé, et armé de pinces robustes.

La moule, évidemment, se garde bien de refuser au crustacé l'abri qu'il cherche ; ce faisant, elle agit au mieux de ses intérêts, car elle est appelée à partager avec son hôte le produit de la chasse.

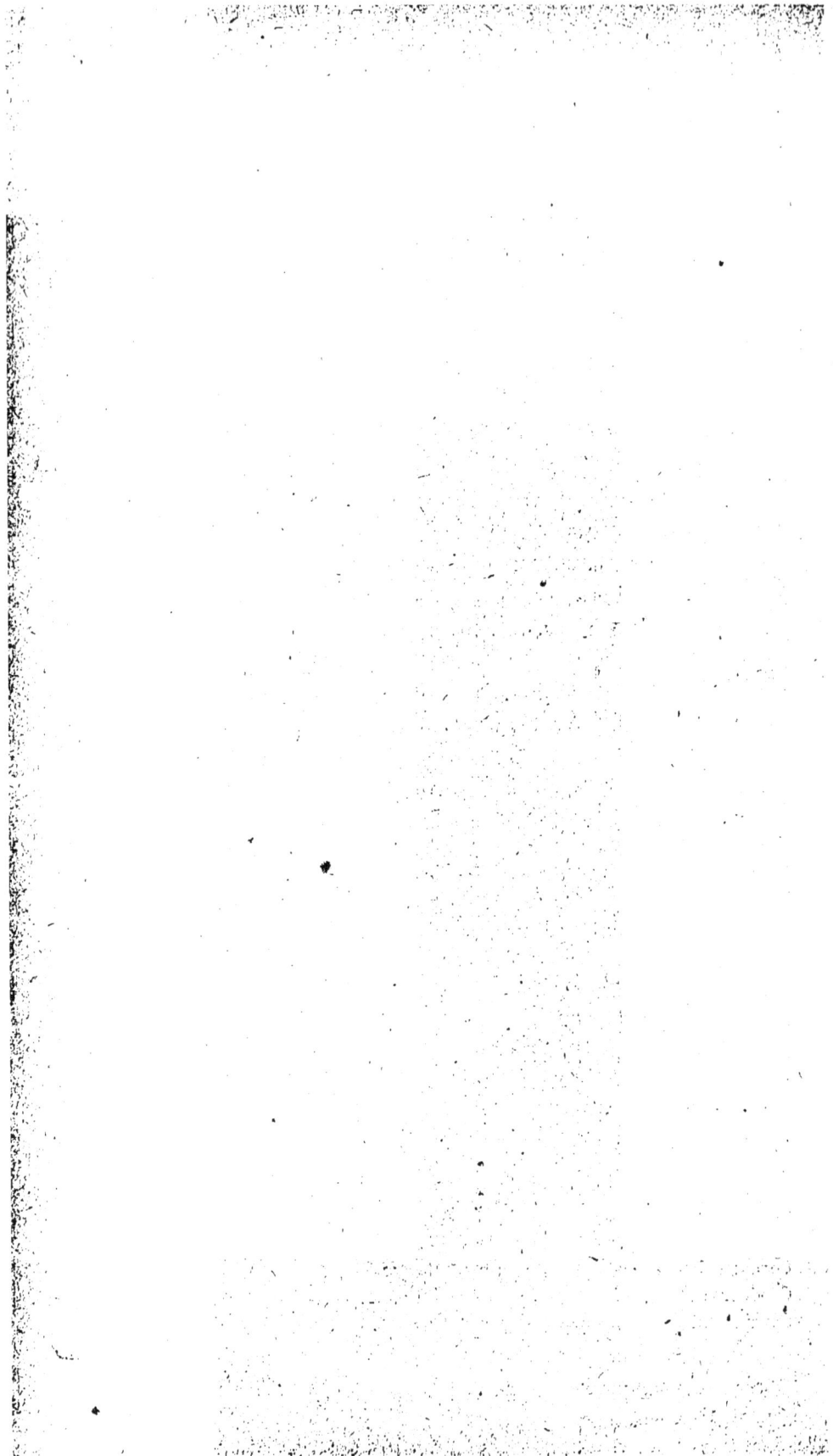

TABLE ALPHABÉTIQUE DES INSECTES

CITÉS DANS CE VOLUME

Les numéros renvoient aux pages.

S

T

U

V

X

Z

TABLE DES FIGURES

~~~~~~~~~

Ouvrages du même Auteur:

~~~~~~~~~

Les *Champignons, au point de vue biologique, économique et taxonomique.* 1892. In-16 de 328 pages, avec 60 figures. (J.-B. BAILLIÈRE et FILS.)

Les *Lichens ; étude sur l'anatomie, la physiologie et la morphologie de l'organisme lichénique.* 1893. In-16 de 376 pages, avec 82 figures. (J.-B. BAILLIÈRE et FILS.)

Flore de France. 1894. In-18 de 816 pages, avec 2165 figures (J.-B. BAILLIÈRE et FILS.)

Faune de France. Insectes. 1896-1897. 2 vol. in-18 de 1000 pages, avec 2300 figures. (J.-B. BAILLIÈRE et FILS.)

Les *Insectes nuisibles.* 1897. In-16 de 192 pages, avec 80 figures. (Félix ALCAN.)

TABLE DES MATIÈRES

Abbeville. — Imprimerie C. Paillart.

www.ingramcontent.com/pod-product-compliance
Lightning Source LLC
Chambersburg PA
CBHW060415200326
41518CB00009B/1363